机械创新设计
与**3D**打印技术

JIXIE CHUANGXIN SHEJI
YU 3D DAYIN JISHU

赵陈磊　罗　啸　谢万杰　著

中国矿业大学出版社

China University of Mining and Technology Press

·徐州·

图书在版编目（CIP）数据

机械创新设计与 3D 打印技术 / 赵陈磊，罗啸，谢万

杰著 . — 徐州：中国矿业大学出版社，2025.3.

ISBN 978-7-5646-6612-5

Ⅰ . TH122；TB4

中国国家版本馆 CIP 数据核字第 2025QT7143 号

书　　名	机械创新设计与 3D 打印技术
著　　者	赵陈磊　罗　啸　谢万杰
责任编辑	章　毅
责任校对	陈　敏
出版发行	中国矿业大学出版社有限责任公司
	（江苏省徐州市解放南路 邮编 221008）
营销热线	（0516）83885370　83884103
出版服务	（0516）83995789　83884920
网　　址	http://www.cumtp.com　**E-mail**：cumtpvip@cumtp.com
印　　刷	湖南省众鑫印务有限公司
开　　本	710 mm×1000 mm　1/16　印张 12.5　字数 238 千字
版次印次	2025 年 3 月第 1 版　2025 年 3 月第 1 次印刷
定　　价	68.00 元

（图书出现印装质量问题，本社负责调换）

前　言

在人类文明的长河中，创新与创造始终是推动社会进步、国家强盛的不竭动力。从原始社会的简陋工具，到现代科技制造的尖端产品，这些创新成果不仅极大提高了人类的生产力水平，更深刻改变了人们的生活方式和思维方式。随着科技的飞速发展，市场对于高效、精准、个性化的产品设计与制造的需求愈发强烈，机械创新设计已成为提升产品竞争力、推动制造业转型升级的重要途径。3D 打印（三维打印）技术作为一种革命性的制造技术，以其独特的成型方式和广泛的应用前景，正在逐步改变传统制造业的生产模式。然而，如何提升机械创新设计的能力是设计师们面临的一大问题。历史上那些伟大的发明家，如爱迪生、法拉第、瓦特等，他们的创新成果至今仍然造福着千家万户。如果从他们的创造性思维活动中提炼出格式化、实用化的理论条规，是否能让普通人也可以在设计过程中激发创造能动性，实现设计创新？基于这些思考，笔者撰写了本书，旨在系统研究机械创新设计的理论与方法以及 3D 打印技术的工艺与应用，为相关领域的研究人员、工程师和学生提供较为全面的指导和参考。

本书共五章。第一章全面讨论了创新思维、创造原理和机械创新设计的技术基础。第二章则阐述了机械产品创新设计的步骤、原则与方法，旨在为创新实践活动提供系统的基本途径和理论指导。第三章至第四章详细探讨了 3D 打印技术，包括3D 打印技术的基本概念、3D 打印材料与设备，以及 3D 打印的各种成型工艺与技术，包括熔融沉积成型（FDM）、光固化成型（SLA）、激光选区熔化（SLM）等。第五章深入研究了基于 3D 打印技术的机械产品创新设计，重点探讨了 3D 打印技术在不同领域的应用，展示了 3D 打印技术在机械产品创新设计中的巨大潜力。

总体来看，本书具有以下特色和亮点。第一，系统性：本书从创新概念出发，进而到设计理论和方法，再到创新应用，形成了一个完整的知识体系，有助于读者全面把握机械创新设计的精髓。第二，前沿性：本书紧跟科技前沿，涵盖了最新的 3D 打印技术和成型工艺，以及它们在机械产品创新设计中的应用情况，为读者提供了前沿的技术信息和设计思路。第三，实用性：本书在内容编排上注重理论与实践相结合，既涵盖了机械创新设计与 3D 打印技术的理论知识，又补充了许多实操方法，能帮助读者更好地理解和掌握相关技能。

　　本书的完成离不开众多同仁和朋友的鼎力支持，在此深表感谢！同时，李合明在文字录入和图表绘制方面做了大量工作，特此一并致谢。笔者尽最大努力确保本书内容的准确性和完整性，但由于时间和能力有限，书中难免存在不足之处，恳请各位读者批评指正，以便笔者不断改进和完善。

赵陈磊

2024 年 10 月

目 录

第一章
机械创新设计理论与技术基础

创新是人类有目的的一种探索活动，人们需要掌握一定的思维方法并接受相应的理论指导才能有序地开展创新实践活动。而进行机械创新设计除了具备创新思维、掌握创造原理之外，还必须熟悉机械的基础知识。本章将系统阐述创新思维、创造原理和机械技术基础，可以为机械工程领域的创新设计过程提供参考。

第一节 创新思维

思维方法是创新设计的重要组成部分。在机械创新设计中，创新思维能够推动技术的进步，进而实现产品的突破和行业的发展。

一、创新思维的一般含义

"思维"是人脑对客观事物间接和概括的反映，既可以能动地反映客观世界，又可以能动地反作用于客观世界。"思维"是人类智力活动的主要表现方式，是精神、化学、物理、生物现象的混合物。"思维"通常指两个方面，一指理性认识，即"思想"；二指理性认识的过程，即"思考"。思维有再现性、逻辑性和创造性，主要包括抽象思维与形象思维两大类。

创新思维是一种具有开创意义的思维活动，即开拓人类认识新领域，开创人类认识新成果的思维活动，往往表现为发明新技术，形成新观念，提出新方案和决策，创建新理论。对领导活动而言，其表现为社会发展处于十字路口时所作出的重大抉择等，这是狭义上的理解。从广义上讲，创新思维不仅表现为完整的新发现和新发明的思维过程，而且表现为在思考的方法和技巧上，如在某些局部的结论和见解上具有新奇、独到之处的思维活动。创新思维广泛存在于政治、军事决策、生产、教育、艺术及科学研究活动中。如领导工作实践中，具有创新思维的领导者可以想别人所未想、见别人所未见、做别人所未做的事，敢于突破原有的框架，或是从多种原有规范的交叉处着手，或是反向思考问题，从而取得创造性、突破性的成就。

创新思维又称"变革型思维"，是反映事物本质和内在、外在有机联系，具有新颖的广义模式的一种可以物化的思维活动，是指有创见的思维过程。创新思维不是单一的思维形式，而是以各种智力与非智力因素为基础，在创造活动中表现出来的具有独创性的、产生新成果的、高级的、复杂的思维活动，是整个创造活动的实质和核心。但是，它绝不是神秘莫测和高不可攀的，其物质基础在于人的大脑。

创新思维的结果是实现了知识即信息的增殖，或者是以新的知识（如观点、理论、发现）来增加知识的积累，从而增加了知识的数量即信息量；或者是在方法上取得突破，对已有知识进行新的分解与组合，实现了知识即信息的新的功能，由此便实现了知识即信息的结构量的增加。所以从信息活动的角度看，创新思维是一种实现知识即信息量增殖的思维活动。

创新思维的实质表现为"选择""突破""重新建构"这三者的联系与统一。所谓选择，就是查找资料、进行调研以及充分思索，让各方面的问题都充分考虑、表述，从中去粗取精、去伪存真，特别强调有意识地选择。法国科学家彭加勒认为："所谓发明，实际上就是鉴别，简单说来，也就是选择。"所以，选择是创新思维得以展开的第一个要素，也是创新思维各个环节上的制约因素。选题、选材、选方案等均属于此。

创新思维进程中不能盲目选择，重点在于突破和创新。而问题的突破往往表现为从"逻辑的中断"到"思想上的飞跃"，孕育出新观点、新理论、新方案，使问题豁然开朗。

选择、突破是重新建构的基础。因为创造性的新成果、新理论、新思想并不包括在现有的知识体系之中。所以，创新思维的关键点是善于进行"重新建构"，有效而及时地抓住新的本质，筑起新的思维支架。

综上所述，创新思维需要人们付出艰苦的脑力劳动。一项创新思维成果往往需要经过长期的探索、刻苦的钻研，甚至多次的挫折之后才能取得，创新思维能力也要经过长期的知识积累、智能训练、素质磨砺才能具备。创新思维过程还离不开推理、想象、联想、直觉等思维活动。所以，从主体活动的角度来看，创新思维又是一种需要人，包括组织者、创造者付出较大代价，运用高超能力的一种思维活动。

机械创新设计离不开创新思维活动，设计的内涵就是创造，设计思维的内涵就是创新思维。

二、创新思维的类型

创新思维是多种思维形式的协调统一，也是智力因素与非智力因素的和谐统一。创新思维的类型可以从不同的角度进行划分。

（一）形象思维与抽象思维

形象思维与抽象思维是根据思维活动运用的材料形式，即思维元素的表达形式划分的，其对比及举例见表1-1。

表1-1　形象思维与抽象思维的对比及举例

类型	形象思维	抽象思维
含义	以反映事物一般形象特征的意象为思维元素，通过实践由感性阶段发展到理性阶段，最后完成对客观世界的理性认识	以反映事物共同属性和本质的抽象概念为思维元素，在概念的基础上进行判断、推理，使认识从感性个别到理性一般再到理性个别
特征	① 整个思维过程一般不脱离具体的形象，通过想象、联想与幻想，常伴以强烈的感情、鲜明的态度，具有较强的灵活性和新奇性； ② 在每个人的思维活动和人类所有实践活动中，形象思维广泛存在，具有普遍性； ③ 在文学、艺术创造活动中起着主导作用，在工程技术创新活动中也是最基本的思维方式	① 科学的抽象能更深刻、更正确、更全面地反映客观事物的面貌，抽象思维是较为严密的思维方式； ② 归纳与演绎、分析与综合、抽象与具体等，是抽象思维中常用的方法，它们彼此相反又互相依存、相互转化、相互促进； ③ 随着社会的进步、科学技术的发展、现代设计方法的确立，抽象思维的作用更加重要

表 1-1（续）

类型	形象思维	抽象思维
举例	协和式飞机的外形设计是对鹰的仿生，但其设计构思既非对鹰外形表象的简单复现，也非对以往飞机外形的照搬。而是根据各种功能要求，在上述"鹰"等表象的基础上，有意识、有指向地进行选择、组合以及加工后所形成的"新象"——这就是既渗透设计师的主观意图，又有与原有表象似是而非的"意象"	门捷列夫通过研究繁杂的化合物及元素之间的相互关系，不仅将所有化学元素按原子质量的递增及化学性质的变化排列成合乎自然规律、具有内在联系的一个周期表，而且还在表中留下了空位，预言了这些空位中的新元素，同时还大胆修改了某些当时已被公认的化学元素的原子质量

（二）发散思维与集中思维

发散思维与集中思维是美国心理学家吉尔福特最早提出的两种思维类型，其对比及说明见表 1-2。

表 1-2　发散思维与集中思维的对比及说明

类型	发散思维	集中思维
含义	亦称求异思维或辐射思维。它是不受现有知识、经验的局限与束缚，沿着不同的方向和角度，从多方面寻求问题的各种可能答案的思维方式	亦称求同思维或收敛思维。它是在大量设想或方案的基础上，引出解决问题的一两个正确答案或一种大家认为最好答案的思维方式
特征	发散思维在人们的言语和行为表达上具有三个不同层次的特征。 ① 流畅性：能在短时间内表达较多的概念、想法或答案，反映了发散思维的快速； ② 变更性：不受心理定势的消极影响，随机应变，触类旁通，反映了发散思维的灵活； ③ 独特性：能提出超乎常规的新观念或新方法，反映了发散思维的本质	① 以某一思考对象为中心，从不同的角度、不同的方面将思路都指向该对象； ② 与发散思维相比，集中思维的操作更多地依赖逻辑方法，也更多地渗透着理性因素，故其结论一般较为严谨
说明	在创造性活动中，发散思维与集中思维是相辅相成、相互补充的。在提出设想阶段，发散思维能力越强则提出的可能方案越多；在设想的实现阶段，集中思维将起到综合、归纳并从多种方案中找出较好方案的作用。因此，只有把二者结合起来并反复使用，才有可能真正获得创造性成果	

（三）直达思维与旁通思维

直达思维与旁通思维是按解决问题的途径来划分的两种思维类型，其对比及说明见表 1-3。

表 1-3 直达思维与旁通思维的对比及说明

类型	直达思维	旁通思维
含义	采用直接面对的方法解决问题，始终不离开问题的情景和要求来进行思考的思维方式	亦称侧向思维。它是通过对问题的情景、条件进行分析、辨识，将其转化成另一等价问题，或以某一问题为中介间接去解决问题的思维方式
特征	① 直接面对问题情景，可以较快地实现解决问题的目标； ② 对于解决比较简单的问题特别有效	① 没有固定的思维格式，往往先从问题的外围着眼，其常见的表现方式有转换、类比、模拟、移植、置换、转向等； ② 是创新思维中非常有用的思维方式
说明	在创造性活动中，旁通思维与直达思维应相辅相成。例如，当直达思维遇到障碍或证明无效后，应改用旁通思维。更为重要的是，只有运用旁通思维以后又反归到直达思维，才能真正解决好提出的问题	

（四）逻辑思维与非逻辑思维

逻辑思维与非逻辑思维是按照思维过程中是否严格遵守逻辑规则来划分的。其中，逻辑思维就是前述的抽象思维（表 1-1）。而非逻辑思维的基本形式有联想、直觉和灵感，具体内容见表 1-4。

表 1-4 非逻辑思维的基本形式

类型	非逻辑思维		
	联想思维	直觉思维	灵感思维
含义	把已掌握知识与某一问题联系起来，从其相关性中获得启发，从而解决问题的思维方式	是一种不受固定的逻辑规则限制，直接得出问题答案或领悟事物本质的思维方式	是人们借助直觉启示，瞬间闪现出对问题的领悟或理解的思维方式
特征	① 既能把意义上相近的概念联结起来，也能把意义上差异很大的概念联结起来，并从中得出正确的新结论； ② 联想思维的活跃，有赖于知识、经验的不断积累； ③ 直觉、灵感以及逻辑思维都离不开联想	① 具有产生的突然性、过程的突变性、成果的突破性等特点； ② 在产生的过程中，不仅意识起作用，而且潜意识也发挥了重要作用； ③ 直觉思维的结论并不总是可靠的，但可以给人以深刻启迪	① 具有突然性、偶然性、短暂性等特点； ② 是由潜意识产生的，潜意识不能控制，故灵感也无法控制； ③ 其产生有赖于知识的长期积累、智力水平的提高、意识的强烈集中或适当放松等
作用	所有的发明创造都不会与前人、历史及已有知识截然割裂，而是有一定联系的。因此，联想越多、越丰富，则获得创造性突破的可能性就越大	直觉判断在创造性活动的方向选择、重点确定、关键辨识、资料挑选、价值判定等方面都有重要作用，也是产生新构思、建立新模型的基本途径之一	灵感是一种非常重要的创造性心理现象，在创造性活动中起着十分重要的作用。科学上的重大发现、技术上的发明创新很多来源或得益于灵感

创造灵感是外界现象与人体大脑中长期积存的信息在创造欲望的刺激下，经过想象和形象思维的转化产生的突发性联系、沟通与升华。如果说直觉是人类认识事物的独特智慧，那么灵感则是创新思维中的一颗明珠。直觉和灵感在创造性活动中起着十分重要的作用，但它们的产生都是以勤奋、好学、积累和不懈探索为基础的。

三、创新思维的特点

（一）创新思维具有开放性的特点

所谓开放性思维是指突破传统思维定式和狭隘眼界，多视角、全方位看问题的思维。具备了开放性的思维方式，就能够不断有所发现、有所发明、有所创造、有所前进。任何创新思维活动都是在一定的人类思想成果的基础上进行的，都是对既定思维成果的丰富或扩展，是对原有知识界限的扩展和原有知识结构的补充。所以，创新思维本质上是一种开放性思维。任何思维上的创造都必须以开放的思维为桥梁，任何创造性的思维成果都是开放性思维方式的结晶。开放性主要针对封闭性而言。封闭性思维是指习惯于从已知经验和知识中求解，偏于继承传统，照本宣科，落入"俗套"，因而不利于创新。开放性思维则敢于突破思维定式，打破常规，挑战潮流，富有改革精神。

开放性思维强调思维的多样性，从多种角度出发思考问题，思维的触角向各个层面和方位延伸，具有广阔的思维空间；开放性思维强调思维的灵活性，不依照常规思考问题，不是机械地重复思考，而是能够及时转换思维视角，为创新开辟新路。例如：从"0，1，2，4，3，7，8，1"中寻找规律，若按照常规，仅从数字本身很难找出规律。突破数字的定式思维，从构成数字的笔画形状进行思考，就会很快发现它们的规律：这是由曲线和直线交错排列的一组符号。

（二）创新思维具有求异性的特点

众所周知，我国学生大多以求同思维见长，缺乏求异思维。究其原因，除历史传统和文化背景的影响，这种情况主要是我国的应试教育造成的。由此可见，培养学生求异性思维已成为当务之急。求异性主要针对求同性而言。求同性是人云亦云，照葫芦画瓢。求异性则是与众人、前人不同，是独具卓识的思维。

求异性思维强调思维的独特性，其思维角度、思维方法和思维路线别具一格、标新立异，面对权威与经典敢怀疑、敢挑战、敢超越；求异性思维强调思维的新颖性，其表现为，提出的问题独具新意，思考问题别出心裁，解决问题另辟蹊径。新颖性是创新行为最宝贵的性质之一。例如，有一位家长带着孩子去池塘捉鱼。捉鱼前家长叮嘱孩子："捉鱼时不要弄出声响，否则鱼就吓得逃往深处，无法捉了。"孩子照办了，果然他们满载而归。过了些天，孩子独自去捉鱼，竟然捉得更多。家长惊喜地问："你是怎么捉的？"孩子说："您不是说一有声响鱼就逃往深处吗？我先在池塘中央挖了一个深坑，再向池塘四周扔石子。待鱼逃进深坑之后，捉起来就容易多了，就像是在'瓮中捉鱼'。"这则故事给予人们很多启示。其中，家长的经验是正确的，因为他是根据鱼的生活习性捉鱼。孩子继承了家长的经验，但是没有被局限，而是用一种求异性的眼光看问题。因此，孩子的做法也是正确的，他也是根据鱼的生活习性在捉鱼。不同的是，家长掌握的是在岸上捉鱼的规律，孩子又找到一条在水中捉鱼的规律。

（三）创新思维具有艺术性和非拟性的特点

创新思维活动是开放的、灵活多变的，同时伴随有想象、直觉、灵感之类的非逻辑、非规范思维活动。思想、灵感、直觉等往往因人而异、因时而异、因问题和对象而异，所以创新思维活动具有极大的特殊性、随机性和技巧性，他人无法完全模仿、模拟。创新思维活动的上述特点同艺术活动有相似之处，艺术活动就是每个人充分发挥自己的才能，利用直觉、灵感、想象等开展的非理性的活动。艺术活动的表面现象和过程可以模仿，如文森特·梵高的名画《向日葵》，人们都可以去画向日葵，且大小、颜色都可以模仿，甚至临摹。然而，艺术的精髓和内在的东西即文森特·梵高的创造性创作能力只属于个人，是无法仿造的，任何模仿品最多只能以假乱真。同样，创造性领导活动的内在东西也是不可模仿的。尤其是，创造性的思维能力无法像一件物品，如茶杯，摆在人们面前，任人们临摹、仿造。因此，创新思维被称为一种高超的艺术。

（四）创新思维具有突发性的特点

突发性主要体现在直觉与灵感上。所谓直觉思维是指人们不经过反复思考和逐步分析，而对问题的答案做出合理的猜测、设想，是一种思维的闪念，或直接的洞察；灵感思维也常常以闪念的形式出现，但它不同于直觉，是由人们的潜意识与显意识多次叠加形成的，是长期创新思维活动可以达到的一个必然阶段。

例如，伦琴发现 X 射线的过程就是一个典型的实例。当时，伦琴和往常一样在做一个原定实验的准备，该实验要求不能漏光。正当一切准备就绪开始实验时，突然发现附近的一个工作台上发出微弱的荧光，室内一片黑暗，荧光从何而来？此时，伦琴迷惑不解，但又转念一想，这是否是一种新的现象呢？他急忙划一根火柴查看，原来荧光发自一块涂有氰亚铂酸钡的纸屏。伦琴断开电流，荧光消失，接通电流，荧光又出现了。他将书放到放电管与纸屏之间进行阻隔，但纸屏照样发光。看到这种情况，伦琴极为兴奋，因为他知道普通的阴极射线不会有这样大的穿透力，这肯定是一种人所未知的穿透力极强的射线。经过40多天的研究、实验，伦琴终于确定了这种射线的存在，还发现了这种射线的许多特有性质，并且将其命名为 X 射线。

事实上，在伦琴发现 X 射线之前，已经有人见到过这种射线，他们不是视而不见就是因干扰了其原定的实验而气恼，结果均失掉了发现 X 射线的良机。伦琴则不同，他抓住了突发的机遇，追根溯源，最终取得了伟大的发现。

四、创新思维的本质

（一）创新思维是发散思维与集中思维的统一

美国著名心理学家吉尔福特于 1967 年提出创新思维的本质是发散思维。发散思维克服了常规思维中单向思维的缺陷，是一种不依常规，寻求变异，从多方面探索答案的思维形式，是创新思维的重要组成部分。吉尔福特认为，流畅性、变通性和独创性是发散性思维的三个特征。

其实，创新思维并不完全等同于发散性思维，它是发散思维与集中思维的统一。

集中思维在创新思维中的重要性已经引起心理学家的重视。例如，国内的一项实验研究探索了决策过程中信息的创造性整合机制、策略、影响因素。[①]

该实验要求被试者阅读下面 6 条关键信息以后，提出一个投资建议。

①美国居民最常吃的食物是牛肉。

②墨西哥刚刚爆发了一种罕见的畜牧类瘟疫。

③此瘟疫在畜牧类动物（如猪、牛、羊）中传播非常快，全世界都还没有方法成功地控制这种瘟疫的快速传播。

④得克萨斯州是美国最主要的牛肉产地，牛肉产量占全美的一半。

---

① 刘敏. 决策信息的创造性整合研究 [D]. 重庆：西南大学，2007：21-22.

⑤得克萨斯州与墨西哥接壤。

⑥美国法律明文禁止疫区食品外运。

这是根据美国大商人亚默尔的一个真实的成功案例自编的投资决策问题。正确的答案是，以最快的速度在得克萨斯州大量收购牛肉，外运到其他州储存起来。几个月以后，当墨西哥的畜牧瘟疫传到得克萨斯州，得克萨斯州牛肉（后文简称"得州牛肉"）禁止外运，导致牛肉价格暴涨的时候再出售。结果 10 min 内正确回答者占 42.1%。

但是，如果在上述 6 条关键信息的基础上增加 14 条与"得州牛肉"无关的干扰信息，给被试者 30 min 提出方案，再给被试者呈现原来的 6 条关键信息 10 min，结果正确率下降为 8.6%。其中 30 min 内得出正确方案者占 5.7%，呈现 6 条关键信息后正确回答者占 2.9%。

结果证实，人们面临冗余信息干扰的时候，对信息的创造性整合会出现困难。现实中，人们会面临大量纷繁复杂的冗余信息，在这种条件下决策，集中思维就表现出极端的重要性。

总之，创新思维是发散思维和集中思维的对立统一。这种对立统一关系主要表现为以下三点。

第一，只有集中才能更好地发散。一方面，发散不是毫无目标地胡乱联想，而应该在一定的思维方向上进行发散；另一方面，自由发散的结果并不都是有价值的，还须通过集中思维才能得出正确的结论。

第二，只有发散了才能进一步集中。发散度高，集中性才好，创造水平才会高。

第三，创新思维是一个"集中－发散－集中"多次循环往复、螺旋式上升的过程。

（二）创新思维是直觉思维和分析思维的统一

根据得出结论前是否经过明确的思考步骤及主体对其思维过程有无清晰的意识，可以将思维划分为直觉思维和分析思维。

直觉思维是一种没有完整的分析过程与逻辑程序而获得答案的思维。分析思维则是严格遵循逻辑规律，逐步分析与推导，最后得出合乎逻辑的正确答案和结论的思维。

与分析思维相比，直觉思维具有以下几个方面的显著特征：①既没有某种明确的逻辑规则，也没有经过严密的推理，因而具有非逻辑性。②总是以跳跃的方式径直指向最后结论，似乎不存在中间的推导过程，因而具有直接性。③直觉思维是一个自然而然的过程，无须主体做出有意识的努力，表现出自动化特征。④由直觉思维得出的结论很可能是正确的，但也可能发生错误，具有或然性。

分析思维与直觉思维相互促进、相互联系才能保证创造性活动的顺利开展。分析思维是直觉思维的基础，没有这个基础直觉思维可能成为错觉。但是没有直觉思维做先导，就难以提出新问题、新设想。可以说，直觉思维在创造活动中起着决定性的作用。但新思想、新设想提出之后，仍需要用分析思维进行推理和论证。因此，创新思维是在分析思维和直觉思维的交叉状态下进行的，也是循环往复、螺旋式上升的过程。

（三）创新思维是横向思维和纵向思维的统一

根据思维进行的方向可以将思维划分为横向思维和纵向思维。所谓纵向思维，是指在一种结构范围中，按照有顺序、可预测、程式化的方向进行的思维方式。人们在平常生活、学习中大多采用这种思维方式。

所谓横向思维，是指突破问题的结构范围，从其他领域（或学科）的事物、事实、知识中得到启示而产生新设想的思维方式。它不一定是有顺序的，同时它也不能预测，不受范式的约束。与解决问题的传统方式相比，横向思维更注重从其他不寻常的角度入手，因而也更能找到解决问题的方式或产生创新的想法。

需要注意的是，尽管横向思维在创新思维中有较为重要的地位，但也并不代表在创新创造活动中要忽视纵向思维的作用，单独使用横向思维。应当说，纵向思维与横向思维相结合使用，才是最有助于推动创造力产生的方法。因此，在创新思维活动中，将横向思维与纵向思维结合起来，才能更好地发现问题、解决问题、检验成果。

（四）创新思维是逻辑思维与非逻辑思维的统一

顾名思义，逻辑思维是依靠较为严密的逻辑体系支撑起来的，具有较强的系统性与逻辑性，需要按照一定的思维展开。而非逻辑思维没有这样的严谨要求，体现出较强的随机性，其思维更加开阔发散，受到的束缚较少，因而往往能产生更多样、更新颖的想法，前文提到的想象、联想等就是这种非逻辑思维。

逻辑思维与非逻辑思维作为两种相互区别又相互补充的思维方式，在创新思维中同样具有协作统一的关系。在共同运用这两种思维的过程中，一方面要借助非逻辑思维的发散特点，构想出丰富多样的设想与解决问题的方式；另一方面也要借助逻辑思维的严密性，检验并筛选所提出设想的可行性，使最终形成的方案与观点有足够的实践价值。

（五）创新思维是逆向思维和正向思维的统一

逆向思维是与正向思维相对而言的。所谓逆向思维，与一般的正向思维相反，它要求在思维活动时从相反方向去观察和思考，避免单一正向思维和单向度的认识过程的机械性。这样得出的结果往往独具一格，常常会有创造性的发现，取得突破性的成果。

在创新思维中，逆向思维与正向思维也是辩证统一、相互协调的两种思维，且二者在条件改变的情况下还可能实现相互转换。也就是说，某一视角下的正向思维，在转换为另一视角之后，可能就会被视作逆向思维。

（六）创新思维是潜意识思维和显意识思维的统一

潜意识思维是一种较为复杂的心理活动概念，是指人类心理活动中未被觉察的部分，是人们已经发生但并未成为意识状态的心理活动过程。潜意识思维具有一定的记忆存储功能，能够储存人生的认知和思想感情，不仅包括各种个体有意学习和识记的各种信息，还包括各种无意记忆或意识的自我重组所形成的各种信息和信息流，这些信息与知识的记忆存储能够有效帮助个体处理更多信息，有选择地让有价值的信息进入思考过程。此外，潜意识还具有工作上的隐性特点，能够处理潜意识无法直接处理的信息。因此可以说，在创新性思维中，潜意识思维是十分重要的，对创新思维活动中的积累有着重要意义。

潜意识思维进行隐性思考工作的一个重要标志就是做梦。相关科学研究发现，梦境是灵感来源的一个主要部分。例如，苯分子结构的提出者凯库勒就是在梦境中得到灵感的。由此可见，梦境中的内容通过潜意识思维向人们传递信息，人们再使用显意识思维进行思考和总结，就有可能得出新的设想和方案。

五、创新思维的过程

（一）酝酿准备阶段

酝酿准备是明确问题、收集相关信息与资料，使问题与信息在大脑及神经网络中留下印记的过程。大脑的信息存储和积累是激发创新思维的前提条件，存储的信息量越大，激发出来的创新思维活动也越多。

在酝酿准备阶段，创新思维者应当先明确要研究的主题。再根据所收集到的资料对自己研究的主题进行梳理，使研究主题更加具体和清晰，并逐渐产生自己的观点，认识到研究主题的本质特征，找出研究主题中最关键的部分，再在此基础上思考解决和应对的方式。

（二）潜心加工阶段

在明确研究主题、提出有关问题并收集足够资料信息后，就可以进入信息的潜心加工阶段，开始解决问题或提出新的设想。

人类的大脑由较为复杂的神经网络组成，能够支撑较为复杂的思考和心理活动。在这些复杂思维的运作过程中，潜意识思维起着重要的支撑作用。通常而言，在创新思维活动中，很难做到第一次思考就产生有价值的想法，但每一次思考的过程都会在潜意识中积累，最终在某一天因为外界事物的刺激形成新的设想。在从积累到产生灵感的过程中，大脑的显性思维活动看似暂停了，实际上仍在潜意识中活动着，所以才会在被外界触动的瞬间迸发出新的设想。

（三）顿悟阶段

在创新思维过程中，顿悟是一个关键的转折点，通常指的是经过长时间的思考和努力，突然获得问题的解决方案。从人类大脑的工作原理来看，顿悟并不是一种神秘莫测的现象。人类在长期思考的过程中存储了大量经验和信息，并在后来不经意的一个瞬间得到启发。可以说，顿悟这一思维活动涉及大脑多个区域的协同工作，以及对问题情境的全新思考和把握。不仅是在许多专司各种认知功能的脑区的协同下运行的，而且需要各脑区紧密地相互交流，共同组成脑功能网络。

许多科学家在进行创新思维活动的过程中，大多经历过顿悟阶段。例如，古希腊科学家阿基米德在思考如何测定皇冠的纯金含量时，在洗澡时注意到水位上升，从而顿悟出浮力原理，即"阿基米德原理"。艾萨克·牛顿看到苹果从树上掉落后，突然领悟到地球对苹果的引力与地球对月球的引力是同一种力，即万有引力定律。法国科学家路易斯·巴斯德在研究如何防止牛奶变质时，突然想到使用加热的方法来杀死细菌，从而发明了巴氏消毒法。玛丽·居里在研究铀盐时，突然意识到除了铀，可能还有其他物质也能自发发射射线，这一顿悟引导她发现了钋和镭。

（四）验证阶段

通过创新思维形成的设想与方案是一种理论的设想，还需要通过逻辑推理和实验验证来确认正确性和可行性。因此，在创新思维活动中，验证阶段也是必不可少的环节。

六、创新思维的作用

（一）创新思维可以不断增加人类知识的总量

创新思维对象具有潜在特征，其向着未知或不完全知晓的领域进军，不断扩大人们的认识范围，不断把未被认识的事物变为人们可以认识和已经认识的事物。科学领域每一次的发现和创造，都扩展着人类的知识总量，为人类由必然王国进入自由王国不断创造条件。

（二）创新思维可以不断提高人类的认识能力

创新思维是一种高超的艺术，创新思维活动及过程中内在的东西是无法被模仿的。这种内在的东西即创新思维能力。这种能力的获得依赖人们对历史和现状的深刻了解，依赖敏锐的观察能力和问题分析能力，依赖平时知识的积累、拓展和人生的经历。每一次创新思维过程就是一次锻炼思维能力的过程，因为要想获得对未知世界的认识，人们就要不断探索前人没有采用过的思维方法、思考角度，就要有独创性地寻求没有先例的办法和途径去正确、有效地观察问题、分析问题和解决问题，从而极大地提高人类认识未知事物的能力。所以，认识能力的提高离不开创新思维。

（三）创新思维可以为实践开辟新的局面

通过创新思维活动形成的创新事物具有一定的新颖性和空前性，在真正运行前无法预测其结果，所以具有一定的风险性。但与此同时，这种对未知与风险的探索也是人们不安于现状、敢于开辟和实践的重要体现。人类正是因为具有这种创新精神，才能够一次次发现世界中隐藏的规律与原理，才能使自然客观世界一次次以新的面貌呈现在人类面前。以我国改革开放的历史为例，邓小平同志正是对社会主义建设问题进行了创造性思考，提出了中国特色社会主义理论，中国才有了翻天覆地的变化。反之，如果没有不断求新的精神与创新思维活动，安于目前已有的发展水平，人类就无法认识到世界更深层和多样的面貌，无法开辟新的发展局面。

第二节　创造原理

创造原理为机械创新设计提供了一套系统化的方法论，这些原理能够使设计师在面对设计挑战时更加高效地产生新想法，并将这些想法转化为实用的机械产品。本节主要围绕创造原理的几种类型展开论述。

一、综合创造原理

综合创造原理是一个涉及多学科和领域的理论概念，主要强调在创新和创造过程中，将不同的元素、概念或技术整合在一起，以产生新的、具有独特价值和功能的结果。其中，对各个元素、概念的整合，并不是外在形式的简单堆叠，而是需要认识到这些不同要素中包含的相似本质，并将其结合起来形成和谐统一而又富有新意的事物。

机械创新实践中随处可见综合创新的实例。例如，将啮合传动与摩擦带传动结合产生的同步带传动，具有传动功率较大、传动准确等优点，已得到广泛应用。又如，20 世纪 80 年代开始形成的机电一体化技术，已成为现代机械产品发展的主流技术。机电一体化是机械技术与电子技术、液压、气压、声、光、热以及其他不断涌现的新技术的融合。这种综合的机电一体化技术比起单纯的机械技术或电子技术性能更优越，使传统的机械产品制造发生了质的飞跃。再如，由于普通的 X 光机和计算机都无法对人的脑内病变做出诊断，豪斯费尔德和科马克将两者综合，设计出了 CT 扫描仪，并将其应用于临床医学。CT 扫描仪在诊断脑内疾病和体内癌变方面具有特殊的功能，被誉为 20 世纪医学界最重大的发明之一。两位科学家因此项发明获得了 1979 年诺贝尔生理学或医学奖。

由大量的创新实践可知，综合就是创造。综合已有的不同科学原理可以创造出新的原理，如牛顿综合开普勒的天体运行定理和伽利略运动定律，创建了经典力学体系；综合已有的事实材料可以发现新规律，如门捷列夫综合已知元素的原子属性与原子量、原子价的关系，发现了元素周期律；综合已有的不同科学方法创造出新方法，如笛卡尔引进坐标系、综合几何学方法和代数方法，创立了解析几何；综合不同学科能创造出新学科，如信息科学、生物科学、材料科学、能源科学、空间科学等都属于综合性科学；综合已有的不同技术创造出新的技术，如原子能技术、电子计算机技术、激光技术、遗传技术、自动化技术、航天技术等。因此，综合创造具有以下基本特征。

①需对研究事物的本质有足够的了解，能认识到其中具有的潜在创新价值，并能够将其与其他要素整合起来产生新的事物。

②综合不是将研究对象的各个要素进行简单地叠加或组合，而是通过创造性的综合使综合体的性能产生质的飞跃。

③综合创新比起开发创新在技术上更具有可行性，是一种实用的创新思路。

二、分离创造原理

分离创造是将某一创造对象科学地分解或离散，使主要问题从复杂结构中暴露出来，便于人们抓住主要矛盾或矛盾的主要方面，从而厘清创造的基本思路，寻求新的突破的一种创造方法。

运用分离创造原理，人们已取得了许多创造成果。在机械设计领域，组合夹具、组合机床、模块化机床等设计都体现了分离创造原理。

实现分离创造可以有多种方法，如对事物特性进行分离。具体方法包括空间分离（从空间上分离相反的特性）、时间分离（从时间上分离相反的特性）、基于条件的分离（同一对象中共存的相反特征）以及整体与部分的分离（从整体与部分分离相反的特性）。在具体操作方式上，实现分离创造的方法包括结构分解、特性列举等。在机械创新设计中，可以用这些方法进行创造性思考。

（一）基于结构分解的分离创造

基于结构分解的分离创造即对已有事物整体与局部的关系展开思考，是对结构形态进行合理的分解或离散从而获得创意的一种思路。对结构进行分解的关键在于能否使具有分离特性的事物具有与整体事物不同的性能，甚至是技术优势。

（二）基于特性列举的分离创造

基于特性列举的分离创造是对已有事物的特征进行分离、分类，并在此基础上进行创造的一种思路。它是美国内布拉斯加大学教授克拉福德总结的一种创造技法，具体操作方式是对需要革新改进的对象进行观察分析，尽量列举该事物的各种不同特征或属性，然后确定应加以改善的方向及实施方案。克拉福德说："所谓创造，就是要抓住研究对象的特性，以及与其他事物替换的方法。"由此可见，抓住事物的特性并进行新的置换是这一创造原理的本质所在。特性列举法也称属性列举法，是一种通过抓住创新对象的特征，包括名词特性（采用名词表达的特性）、形容词特性（采用形容词表达的特性）和动词特性（采用动词表达的特性）等，并一一列举出来，然后分析、探讨能否以更好的特性替代，最后提出革新方案的创新技法。

三、移植创造原理

移植创造原理是一种将某一领域中已有的原理、技术、方法、结构或功能移植应用到另一领域而产生新事物、新观念、新创意的构思方法。移植在大多数情况下是在类比分析的前提下完成的，具体方式是通过类比，找出事物的关键属性，从而研究怎样把关键属性应用于待研究的对象中。类比特别需要联想，在移植过程中联想思维起着十分重要的作用。"联想发明法""移植发明法"都源于移植创造原理。

例如，滚动导轨是一种在导轨面之间放置滚珠、滚柱、滚针等滚动体，使导轨面之间的滑动摩擦变成滚动摩擦的装置，其设计思路是从推力滚子轴承结构移植而来的。这种设计使得滚动导轨具有高灵敏度、低摩擦阻力、良好的精度保持性等特点。

又如，轴承是一种常用的机械零件，延长轴承寿命一般采用加强润滑、减少轴承中零件的摩擦来实现。有人将电磁学中同性电荷相斥的原理移植到轴承的结构中，开发出轴承与轴不接触的悬浮轴承，大大提高了轴承的寿命与品质。

除了结构、原理等方面的移植，还可以从材料的角度进行移植创造。例如，用塑料和玻璃纤维取代钢来制造坦克的外壳，能够有效减轻坦克的重量，同时还具有避开雷达的隐形功能。这种材料移植的方式也可以运用到模拟实验中，以降低成本和风险。又如，高性能碳纤维是一种含碳量在 90% 以上的新型纤维材料，其强度是钢的 7 ～ 10 倍，密度仅为钢的 1/4。这种材料因具有强度大、质量轻、耐高温、抗疲劳、耐腐蚀、柔软可加工等优点，被广泛应用于飞机制造中，用这种材料替代钢，能够有效减轻飞机重量、减少燃油消耗、降低维修成本和延长飞机使用寿命。

四、逆向创造原理

逆向创造原理是从与事物构成要素对立的另一面去分析，将通常思考问题的思路反转过来，有意识地按相反的视角去观察事物，寻找解决问题的新方法。

例如，我国宋代司马光破缸救人的故事大家都很熟悉，他运用的就是逆向思维方法。因为要救水缸里的小朋友，就得想办法使人和水分离。别的小朋友想的都是把人从水里拉出来，即人离开水，司马光想的却是水离开人。这种思维方法突破思维定式，是从与常规思路相反的角度去思考问题。

又如，在钨丝灯泡发明初期，为避免钨丝在高温下氧化，须将灯泡抽真空，但是使用后发现，灯丝通电后仍会变脆。多数人认为应进一步提高灯泡内的真空度，美国科学家欧文·朗缪尔却提出向灯泡内充气的方法，因为充气比抽真空在工艺上要容易得多。他分别将氢气、氧气、氮气、二氧化碳、水蒸气等充入灯泡，试验证明，氮气有明显延长钨丝使用寿命的作用，可使钨丝在其中长期工作，于是发明了充气灯泡。

逆向创造一般有三个主要途径：功能性逆向创造、结构性逆向创造和因果关系逆向创造。

（一）功能性逆向创造

人们在长期从事实践活动的过程中，对解决某类问题的各种功能关系形成了固定的认识。若将某些已被人们普遍接受的功能关系颠倒，可以产生新的问题解决方式，从而为一些工作或生活中难以解决的问题提供新的思路和有效应对方式。

例如，夏普公司生产的煎鱼锅最初是采用将食物放在热源上方加热的传统方式烹饪食物，但在使用中却发现当鱼被加热时，鱼体内的油滴落到热源上会产生大量的烟雾造成污染。设计者运用逆向思维方法，改变热源和鱼的相对位置，即把热源放在上面，鱼放在下面，研制出了上加热方式的无烟煎鱼锅。

（二）结构性逆向创造

结构性逆向创造是指运用逆向思维方法，打破传统的结构设计出新的产品。

例如，活塞式内燃机的主要结构是曲柄滑块机构，但活塞往复运动中的惯性阻碍了内燃机转速的提高。运用结构性逆向创造方法，菲力斯·汪克尔发明了旋转活塞式内燃机，提高了内燃机的转速。但这种旋转活塞式内燃机的活塞和气缸都不是圆形的，加工误差和工作中的非均匀磨损会使活塞和气缸之间产生泄漏，导致内燃机的工作效率降低。在采用多种传统方法来减少磨损仍不奏效的情况下，技术人员运用结构性逆向创造方法，提出用较软的耐磨材料作为气缸衬里的新思路，最后用石墨材料较好地解决了磨损问题，提高了工作效率，终于使旋转活塞式内燃机投入生产。

（三）因果关系逆向创造

因果关系的逆向创造是指针对客观世界中具有因果联系的事物进行反向思考，将机械的工作原理、自然规律、事物发展变化的顺序等有意识地颠倒过来，产生新的原理、新的方法、新的认识和新的成果。例如，声音能产生振动，那么振动能否复现原声呢？爱迪生发明的留声机就是对声音引起振动现象的因果关系的颠倒应用。又如1800年，意大利物理学家亚历山德罗·伏特将化学能变成电能，发明了伏打电池。英国化学家汉弗莱·戴维想到化学作用可以产生电能，那么电能是否可以引起化学变化而电解物质呢？ 1807年，他用电解法发现了钾和钠两种元素，1808年他又发现了钙、锶、铁、镁、硼五种元素，成为发现元素最多的科学家。再如，机械结构转动时会因为不平衡引起振动，有人据此发明了可夯实地基的机械夯。

当今世界上大量的新技术、新成果是人们利用逆向创造原理不断探索创造出来的。逆向创造原理告诉人们：在创新的过程中，要走前人没有走过的路，做前人不敢做的事，打破常规、解放思想。世界上的事不怕做不到，只怕想不到，只有想到了，才有可能做到。

五、还原创造原理

还原创造原理是指由一个事物的某一创造起点追溯到其创造原点，然后以这个原点为中心进行各个方向上的发散思考，寻找新的创造方向。这种方法强调从事物的本质出发，通过追溯最原始的事物状态，化复杂为简单，从而另辟蹊径，用新思想、新技术重新创造该事物。

例如，人们创造了锚，目的是用来停泊船只。锚的前身是碇，早期的碇是用绳索缚着的石墩，停船时把石墩放到水底，利用石头的重量来固定船只。把绳索连同石墩提起来，就可以开船。遇到风浪太大或水流太急的时候，石墩的重量不够，常常不能系住船只，人们就在石墩上绑上木爪，创造出木爪石碇，木爪可以扎入泥沙之中，这样就加强了石墩的稳定性，固定船舶的力量相应增加了好几倍。此后，人们又发明出重达千斤的、一端有两个或两个以上带倒钩的爪子的铁锚。锚重泊稳，这是极其浅显的道理。因而千百年来船舶的停泊装置都紧紧围绕着如何增加锚的质量，如何改变锚的形状，如何控制锚的抛落和起收来进行"顺理成章"的设计与制造。这固然能够解决问题，但由此造就的锚在设计原理上却是"千佛一面"，锚的结构也大同小异。

后来，当人们回到创造原点去思考，锚的设计便有了新的突破。人们认识到"能够将船舶稳定在水面"就是锚，或者说凡是能够将船舶稳定在水面的事物，不管其结构形态如何，都应当称之为"锚"。于是，人们从这一创造原点出发，突破了传统锚的结构限制，提出了各种新奇的设想：能自动高速旋入海底的"螺旋锚"；能瞬间射入海底，又能即刻反射出来的"火箭锚"；具有强大吸附力的"吸盘锚"等。

又如，第二次世界大战结束后，日本大阪的一家食品公司面临橡胶短缺的问题，无法生产传统的口香糖。公司中的森秋广理事将注意力集中到橡胶的抽象功能——"有弹性"上，思考能否用其他材料替代橡胶。他们经过尝试后，发现乙烯树脂的液体酷似橡胶液，于是用乙烯树脂代替橡胶液，加入薄荷与砂糖，制成了日本式的口香糖，畅销于市场。

通过上例可以发现，还原创造的本质是使思路回到事物的基本功能上去，从基本功能这一创造原点出发进行思考，才不会受已有事物具体形态结构的束缚，更能使创造者解放思想，运用发散思维制定方案。

六、迂回原理

在创造活动中常会遇到棘手的难题，此时不妨暂时放弃在该问题上的僵持，对整体系统中其他环节的问题进行思考，或者从另一个方向入手，对研究对象的另一面进行研究。在这种思维模式下，有时候可以通过其他问题的解决来促进灵感的产生，从而解决当前遇到的问题。人们常说"欲速则不达"，其中就包含迂回原理。创新活动具有首创性，遇到困难是常事。创造者应当学会在困难中作"战略转移"甚至"战略后退"，在迂回中创造条件并前进，逐步逼近成功的目标。

例如，毛泽东同志指挥的"四渡赤水"战役是中国近代军事史上以弱胜强的伟大壮举。在"四渡赤水"战役中，红军不断地迂回穿插前进，寻找战机，终于冲破人数超过红军数十倍、武器装备大大优于红军的多路国民党军队的合围，最终打败了敌人。

再如，1781 年英国天文学家威廉·赫歇尔发现了天王星。但经过长期观察，他发现天王星的运行轨道总是与计算结果有出入，他和其他许多天文学家根据这种迹象判断：天王星外应该还有一颗尚未被发现的行星。但长时间的搜寻却没有结果。于是科学家们停止了搜寻，采用迂回的办法——根据天王星收到的摄动量来计算这颗未知行星的质量、轨道和运行参数。在反复多次地比对和实验后，科学家们根据计算的结果，大体得出了这颗不知名行星的具体运行轨道和有关参数，并根据这一数据再次进行搜寻，最终在 1846 年找到了这颗神秘的行星，也就是后来人们所知的海王星。

又如，核聚变能的产生需要用氢原子猛烈地撞击氢原子，很多科学家都认为：这需要将氢密封在一个高压小室中才能实现。由于氢难以密封，这一设想自提出后的二十多年都没有真正得到实现。然而，正当科学家以为这一构思实践无法推进时，美国一家公司不再遵循传统的建造高压小室的思路，而是采用激光技术。这一创造性举措成功地找到了使氢原子间发生剧烈碰撞的方法，从而为人类利用核聚变能开辟了一条崭新的途径。

七、完满原理

完满原理强调在理论构建过程中，不应不必要地消除复杂性，而是应当假设所有可能存在的事物实际上都存在。应用到创新创造中，即指将创造研究对象理论上所有可利用的资源和条件视为创造的潜在要素，对其进行最大化利用，以得到更高效和创新的结果。

人们平常说的"让效率更高，让产品更耐用更安全，让生活更方便，让日子更舒服，让产品标准化、通用化，物尽其用，更上一层楼……"都是在追求一种完满。充分利用事物的一切属性是完满创新原理追求的最终目标，也是创新的起点。

任何一个事物或产品的属性都是多方面的，创造学中"请列出某某事物尽可能多的用途"的训练，正是基于尽可能全面利用事物属性而提出的。实际上，要全面利用事物的属性是非常困难的，但是追求完满的理想使人们从来没有停止过这种努力。完满作为一种创新原理可以引导人们对某一事物或产品的整体属性加以系统地分析，从各个方面检查还有哪些属性可以被再利用，引导人们从某种事物和产品中获取最大、最多的用途，充分提高它们的利用率。

例如，日本不二制油公司利用豆腐渣生产食物纤维，作为生产面包、甜饼和冰淇淋的原材料；日挥公司将木屑经高温、高压处理，制造出燃料用酒精……所有这些创新发明，无不体现出人们对充分利用事物或产品的追求。即使这样，也很难说这些事物或产品的属性被充分利用了。

为了生活更便捷，人们发明了电冰箱，但电冰箱中的制冷剂会破坏生活环境，于是人们又创造出没有氟利昂或氯氟化碳的环保电冰箱；电池是人类的一项伟大发明，但它会污染环境，日本精工公司于是发明了一种不用电池而以小型发条为动力的石英表，该表只需要充电 3 分钟即可走动 3 天。

八、物场分析原理

（一）物场分析的概念

物场分析是苏联学者阿奇舒勒在其著作《创造是一门精确的科学——解决创造课题的理论》中提出的一种解决问题的方法。物场分析方法通常是指从物和场的角度来分析和构造最小技术系统。[①]

在介绍物场分析方法之前，先介绍一下什么是物场。所谓物场，就是处于某一环境或系统中的不同物质之间的联系和作用。这种联系通常通过某种"场"（如温度场、机械场、声场、引力场、磁场、电场等）来实现。通常而言，一个完整的物场需要具备三个要素：两个物质和一个场。物质可以是材料、工具、零件、人或者环境等，场则是完成某种功能所需的方法或手段，如机械场、热场、电场、磁场、重力场等。例如，铃声响起能够提醒人们有人来电话，在这个系统中，电话铃声和人属于物场中的物质元素，其中的"场"就是电能带来的由空气振动产生的声音，通常将其称为"声场"。

① 李卫国．工程创新与机器人技术 [M]．北京：北京理工大学出版社，2013：23.

（二）物场的类型

根据物质与场之间的关系，可以将物场总体划分为以下几种基本类型。

第一，完全物场体系，即满足物场三要素要求的物场体系，它是一种能实现两物之间相互作用和影响的完整技术体系。

第二，不完全物场体系，即不能满足物场三要素的要求，或只知两物，或只知一物一场，这是有待补建的技术体系。

第三，非物场体系。如果只给出一种或者场，则属非物场体系。显然，它不存在具体的相互作用与影响，不发生任何技术效能作用。

（三）物场分析创造的基本方法

在进行物场分析时，首先需要对物场体系的类型进行基本判断，再根据不同物场的类型开展创新创造活动。在分析创造过程中，针对完全物场系统主要采取要素置换的方法，针对不完全物场体系或非物场体系则主要开展要素的补充构建。通过这种置换或补充的方式，可以达到增强物质与物质、物质与场之间联系性的目标，使整个体系更加科学和完善，即通过对物场构成的分析和对物场的变换来实现物场的功效。应用物场分析进行创造，具体实施要点如下。

1. 课题分析

分析创造课题的出发点与期望达到的目的，搞清课题属于何种技术领域，已知什么、未知什么、限制条件有哪些等。

2. 分析物场类型

按照物场三要素要求，判断创造课题已知条件能构成哪种类型的物场体系。

3. 进行物场改造思考

在进行物场改造思考时，需要着重对非物场体系或不完全物场体系进行处理，将其补充构建为完全物场体系。具体补建的方式是确定所要改造体系中缺乏的要素，并采取一系列措施进行补充。并且，所补充的要素不能是随意选择的，而应该与物场中的原有要素有一定的联系性，使三者能够共同作用并产生新的影响。

针对完全物场体系展开变换时，需要从联系性与功能效应提升的角度出发，对物场系统中的要素进行辨析，并在此基础上探寻出效能更高的场或物质用以替代。

4. 形成新的技术体系形态

对确定的新物场体系进行技术性构思，使之成为具有技术形态的新技术体系。该技术体系的建立，意味着新的解决问题的技术方案产生。

以燃气除尘器为例。为从燃气中消除非磁性尘粒，燃气轮机中需要使用过滤器。传统的过滤器由许多层金属网构成，虽能够阻挡尘粒，但滤网清洗非常困难，必须经常将滤网拆散，长时间向相反方向鼓风，才能使网上的尘粒脱去。下面应用物场分析原理提出新的燃气除尘器设计方案。

首先，进行物场分析。根据课题给出的条件，可描述出一个完全物场体系。这个物场虽属完全物场体系，但其功效并不令人满意，须对此进行改造。然后，改造旧物场体系。采用置换场和物质的办法来改造旧物场体系，具体做法是用电磁场来取代机械场（空气流场），用铁磁性颗粒代替金属网。新物场体系的工作原理：利用铁磁性颗粒作为过滤物质，它处于磁极中间并形成多孔隙结构，切断或接通电磁场可以有效地控制过滤器的孔隙。当需要"捕捉"尘粒时，过滤器孔可缩小；而在清洗时，过滤器孔可以放大。改变磁场强度，便可控制铁磁性颗粒的密度。根据这一技术原理可以设计新的燃气除尘器。

九、TRIZ 理论

（一）TRIZ 理论概述

TRIZ 理论是一种系统化的创新方法论，全称为"发明问题解决理论"。该原理的提出者阿奇舒勒认为，在各种各样的创新发明实践活动中存在许多问题与矛盾，这些矛盾可能是技术层面的，也可能是物理层面的。与此同时，在解决这些问题的过程中，也会逐渐形成某种共通的理论和原则，这些理论与原则的有效性能够在后续的大量创新活动中被验证，从而形成一套能够应用到其他领域中的系统化的理论和解决问题的工具，即 TRIZ 理论，可以用来指导发明创造。TRIZ 理论的前提和基本认识：①产品或技术系统的进化是有规律可循的。②生产实践中遇到的工程冲突常常重复出现。③解决工程冲突的发明创造原理是可以掌握的。④其他领域的科学技术原理可解决本领域的技术问题。TRIZ 理论正是这些规律的综合，能够帮助人们在发明活动中站在更高的理论视角更系统、更高效地分析问题，有效推动发明者的创新实践活动，使其在更短周期内创造出高质量的产品。

TRIZ 理论的核心内容是技术系统进化原理和技术冲突解决原理。技术系统进化认为，技术系统一直处于进化之中，解决冲突是其进化的推动力。随着冲突与矛盾的解决，技术系统的进化效率又会逐渐呈现下降的趋势。对此，必须深入分析技术系统，找到其中更深层的冲突，才能使这一问题得到解决，从而实现技术系统的革新。技术冲突解决是发明创造过程中经常遇到的问题，也是最难解决的问题，可以说发明创造就是在解决技术冲突中产生的。当一个技术特征参数的改进对另一技术特征参数产生负面影响时，就产生了技术冲突。例如，为了降低加速时的油耗，汽车底盘应有较小的质量；但为了保证高速行驶时汽车的稳定性，底盘又应有较大的质量。这就要求底盘同时具有大质量和小质量，对汽车底盘设计来说就是技术冲突，解决该冲突是汽车底盘设计的一个重要问题。创造活动是通过消除技术冲突来创造性地解决问题的，而那些不存在技术冲突的问题，或采用折中方法可以解决的问题一般不属于创造发明的范畴。由于工程技术层面的冲突背后往往涉及物理量或物理效应之间的矛盾（如时间的长与短、温度的高与低、速度的快与慢等），因此，人们从物理学的视野出发将此类冲突称为物理冲突。相对而言，物理冲突比技术冲突更接近创造的原点，人们在消除技术冲突的过程中，往往通过分析将技术矛盾过渡到物理矛盾，然后在更高的物理层面寻找创造性解决问题的原理或方法。

（二）TRIZ 理论的主要内容

TRIZ 理论包含许多科学而又丰富的创新思维和发明问题解决方法，主要由以下 9 个部分组成。

1. 技术系统的八大进化法则

TRIZ 的技术系统进化法则分别是，减少人工介入进化法则、能量传递法则、动态性和可控性进化法则、提高理想度法则、子系统不均衡进化法则、向超系统进化法则、向微观级和增加场应用进化法则以及协调性进化法则。这些法则通常用于产生市场需求、定性技术预测、产生新技术、实施专利布局和选择企业战略制定的时机。

2. 最终理想解（IFR)

TRIZ 理论认为，在针对某一问题进行探讨时，应当先忽略客观世界中的所有外部限制，站在一个理想化的视角确定问题的最终理想解（Ideal Final Result，IFR），以此来确定整个方案的具体方向和定位，使整个过程能够朝着这一理想目标前进，最终得到理想结果。可以说，TRIZ 理论中最终理想解的提出有效解决了过去创意设计活动中目标不明确的问题，有效推动了整个创新活动的进行，是跨领域解决创新问题和进行原始创新的有效工具。

3. 40 个发明原理

针对工程参数中出现任意 2 个参数发生冲突的情况，阿奇舒勒在多次实践的基础上进行了深入分析、对比和统计，最后得出了化解该冲突时所用的发明原理，即 40 个发明原理。这些发明原理主要用于解决系统中存在的技术冲突，为一般发明问题的解决提供了强有力的工具，也有助于开发人们的创新思维。

4. 39 个工程参数和冲突矩阵

在对众多发明问题进行分析的基础上，阿奇舒勒总结出了 39 个工程参数，并根据这 39 个工程参数构造了冲突矩阵。在解决具体问题时，设计者只要明确定义问题的工程参数，就可以从冲突矩阵中找到对应的、可用于解决问题的发明原理，从而为程式化解发明问题奠定了基础。

5. 物理冲突和四大分离原理

通常情况下，在创新发明活动中更为常见的是技术矛盾，而当技术系统中的某一参数存在相互矛盾的改造需求时，就形成了一种新的冲突，即物理冲突。针对这一特殊冲突，阿奇舒勒提出了四大分离原理，其分离方法共有 11 种，可以提炼归纳为空间分离、时间分离、条件分离及系统部分分离四种基本类型。

6. 物场模型分析

阿奇舒勒认为，每一个技术系统都可以由许多功能不同的子系统组成，所有的功能都可分解为两种物质和一种场，即一种功能由两种物质及一种场的三元件组成，从而可以表达为某种物场模型。产品作为技术系统的综合性外在表现，有时会遇到无法确定其技术系统工程参数的情况，也就难以运用矛盾矩阵来探求相应的改造与发明原理。对此，借助物场模型进行原理分析从而寻求解决问题的方案是一种有效的途径，能够将所研究的技术系统中的问题联系起来，更好地加以解决。

7. 发明问题的标准解法

标准解法由阿奇舒勒于 1985 年创立，是发明问题解决过程中的重要理论方法和步骤。阿奇舒勒经过大量研究后发现，发明创造中的问题主要可以分为标准问题和非标准问题，其中的标准问题主要采用标准解法来解决。标准解法可分为5 级，共 76 个标准解，同级解法中的先后顺序基本反映了技术系统进化的过程和进化方向。

8. 发明问题解决算法（ARIZ）

发明问题解决算法（Algorithm for Inventive Problem Solving，ARIZ）主要用于对发明创造实践活动中的非标准问题加以解决，它是一套更为详细的步骤，主要用于指导解决复杂的技术问题。在使用这一算法进行问题的解决时，应遵循发现问题、分析问题模型、构建初始机器模型、定义技术矛盾、将技术矛盾转换为物理矛盾、应用分离原则、制定解决方案、验证与优化解决方案等步骤。同时，在应用 ARIZ 的过程中，还需要遵循三个原则：一是要确定技术系统的技术冲突，并将其转化为物理冲突；二是创新设计者必须有意识地打破自己的惯性思维；三是要具备尽可能广泛的、最新的知识基础。

9. 科学效应知识库

TRIZ 中的科学效应知识库提供了大量的科学效应，这些效应的应用，对于解决发明问题具有超乎想象的、强有力的帮助。阿奇舒勒对此进行过系统的总结，实现了功能与效应的科学对接。TRIZ 中的效应知识库包括物理的、化学的、几何的等多种效应，为创新者有效解决问题提供了便利。

（三）TRIZ 理论的应用

自 20 世纪中叶 TRIZ 理论提出以后，该理论在今天已经得到了十分广泛的应用，开始从最初的工业领域扩展到自然科学、社会科学、管理科学、教育科学、生物科学等领域。例如，2003 年，当"非典型病原体肺炎"肆虐中国及全球许多国家时，新加坡的研究人员运用 TRIZ 理论提出了预防、检测和治疗该种疾病的一系列创新方法和措施，其中不少措施被新加坡政府采用，收到了非常好的防治效果。又如，德国进入世界 500 强的企业如西门子、奔驰、大众和博世都设有专门的 TRIZ 机构，对员工进行培训并推广应用，取得了良好的效果。此外，在教育领域，俄罗斯在高校乃至中小学都加入了 TRIZ 理论的教学与实践，有效提升了学生解决问题和创新实践的能力。由上述例子可知，TRIZ 理论在当代社会中有着较为普遍和广泛的应用意义，具有较高的应用价值。

第三节　机械创新设计的技术基础

一、机器的组成分析

（一）机械及其分类

1. 机器及机械的概念

随着生产和科学技术的发展，机器的定义也在不断地发展和完善。就现代机器而言，其是执行机械运动的装置，用于变换或传递能量、物料与信息。机构是执行机械运动的装置，从机械运动学的观点看二者没有差别，所以可将机构与机器统称为机械。

2. 机械的分类

机械的种类繁多，按不同的目的，可以有不同的分类方法。例如，按行业可分为作业机械、交通运输机械、起重机械、印刷机械、纺织机械、水力机械、矿山机械、冶金机械、化工机械等；也可按轻工机械和重工机械划分。

在大多数机械中，能量流、物料流、信息流同时存在，只是主次不同而已。因此，机械分为动力机、工作机和信息机。

（1）动力机

动力机一般也称原动机，其能够将某种形式的能量转换为机械能，为各种机器和设备提供动力。根据能量来源的不同，可以将动力机分为以下几种类型。

第一类包括三相交流异步电动机、单相交流异步电动机、直流电动机、伺服电动机、步进电动机等，它们都是把电能转化为机械能的机器。第二类包括柴油机、汽油机、蒸汽机、燃气轮机、原子能发动机等，它们都是通过燃煤、油、铀获得热能再转化为机械能的机器。第三类包括水轮机、风力机、潮汐发动机、地

27

热发动机、太阳能发动机等，它们都是把自然力转化为机械能的机器。

（2）工作机

工作机是指直接完成生产任务或提供服务的机械设备，主要功能是将动力机提供的动力（如电能、机械能等）转化为有用的工作，以实现特定的生产或服务目标，是工业生产、建筑施工、农业耕作等领域中不可或缺的机械，主要代表有收割机、搅拌机以及汽车、起重机、传送带等。

（3）信息机

信息机是指以信息转换为主要功能的机器，如打印机、绘图仪、扫描仪、复印机、传真机、收音机等。

（二）机器的组成

一般情况下，机器的主要结构为动力源、传动系统、执行机构和控制系统。其中，动力源主要是为机器提供能量的部件，是机器运行的主要能量来源，具体代表有电动机、内燃机、蒸汽机等。传动系统则主要将动力源的能量传递到机器的工作部件上，如齿轮、皮带、链条、联轴器等。有些机械没有传动机构，而是由原动机直接驱动执行机构。如水力发电机组、电风扇、鼓风机以及一些用直流电动机驱动的机械。随着电动机调速技术的发展，无传动机构的机械有增加的趋势。执行机构是机器的主要部分，主要执行具体任务，如切削工具、泵、压缩机等。从某种程度上来说，执行机构可以和传动系统组合在一起，共同组成一个系统。控制系统主要控制机器的运行，包括启动、停止、速度调节等，如控制面板、传感器、执行器等。

二、机械运动形态分析

（一）执行机构的运动形式

1. 旋转运动

旋转运动包括连续旋转运动、间歇旋转运动、往复摆动等。

2. 直线运动

直线运动包括往复移动、间歇往复移动、单向间歇直线移动等。

3. 曲线运动

曲线运动是指执行构件上某一点做特定的曲线（轨迹）运动。

4. 刚体导引运动

刚体导引运动一般指非连架杆的执行构件的刚体导引运动。

5. 特殊功能运动

特殊功能运动是指以实现某种特殊功能为目的的运动，如微动、补偿、换向运动等。

（二）运动机构的分类

1. 定速比转动变换机构

定速比转动变换机构是指在机械传动系统中，能够使输入和输出转速保持固定比例关系的机构。这种机构的特点是，无论负载如何变化，其传动比恒定不变；主要采用各种齿轮传动、蜗杆蜗轮传动、带传动、链传动、摩擦轮传动等机械实现增速或减速。

2. 连续转动变换为往复移动或摆动机构

连续转动变换为往复移动或摆动的机构通常称为转换机构或转换器。这类机构在机械设计中非常常见，它们可以将旋转运动转换为直线运动或摆动运动，反之亦然。常应用于连杆机构、凸轮机构或某些组合机构，选用的着眼点首先在于对往复行程中的运动规律的要求，如工作行程的速度和加速度、空行程的急回特性等。

3. 连续转动变换为周期变速转动机构

连续转动变换为周期变速转动机构是一种机械传动装置，其核心功能是将一个输入轴的连续均匀转动转换为输出轴的周期性变速转动。这种机构能够使输出轴在不同时间段内以不同的速度旋转，这种速度通常是按照一定的规律或周期变化的。这类机构中常见的有双曲柄机构、回转导杆机构和非圆齿轮等机构，但非圆齿轮机构的加工较为困难，在传动中应用较少。

4. 连续转动变换为步进运动机构

连续转动变换为步进运动机构通常是通过步进电机或者一些机械传动装置来

实现的。根据自动机的送进、转位部分，常用的步进机构有棘轮、槽轮、凸轮等机构和齿轮 - 连杆组合步进机构、凸轮 - 齿轮组合机构等。

5. 连续转动变换为轨迹运动机构

连续转动变换为轨迹运动的机构是指将旋转运动转换为特定轨迹运动的机械系统。这种机构广泛应用于各种工业和日常设备中，其目的是将简单的旋转输入转换为复杂的运动路径，以满足特定的工作需求。一般应用曲柄摇杆机构的连杆曲线实现所要求的轨迹运动，要求特殊形状的轨迹曲线或对描迹点的速度有要求时，可采用凸轮 - 连杆组合机构或齿轮 - 连杆组合机构等。

（三）各类机构的运动形态分析

1. 齿轮传动机构

从功能上看，根据传递运动的输入与输出轴的位置关系，齿轮传动机构可以分为如下几类：①平行轴传动机构。②相交轴（两轴相交）传动机构。③交错轴（两轴不相交）传动机构。

实际使用中，按照齿轮的外形将其分为如下几类。

（1）直齿圆柱齿轮

直齿圆柱齿轮传递两根平行轴之间的运动，是最一般的齿轮。

（2）斜齿轮

斜齿轮的齿面呈倾斜状态，与直齿轮相比，它的啮合特性更好。斜齿轮传动的缺点是驱动力矩会引起轴向力。如果直齿轮的倾斜角为45°，它就与后面所述的螺旋齿轮相同。

（3）人字齿轮

人字齿轮的齿由左右旋向相反的一对斜齿组合而成。所以，它能消除轴向力，通常用于船舶等大型机械的动力传动。

（4）内齿轮

内齿轮是圆环的内侧有齿面的齿轮。除了单独与直齿轮组合成减速器以外，它也是行星齿轮机构的主要构件。

（5）直齿锥齿轮

直齿锥齿轮用于实现两轴之间的动力传递。1∶1的锥齿轮称为等径锥齿轮，除此之外均称为一般锥齿轮。齿面是圆锥的一部分，两个组合的锥顶点必须与两轴的交点重合。也就是说，对应两个齿轮的齿数比不同，圆锥的顶角也不同。齿数比为 1∶1 的锥齿轮与其他齿数比的锥齿轮就不能进行组合。

（6）蜗杆蜗轮

蜗杆蜗轮是螺旋状的蜗杆和齿面与之相配合的蜗轮的组合，单级减速时可以获得数值为 20 ~ 100 的较大减速比的传动。除了单条螺旋线的蜗杆外，还有两条螺旋线的蜗杆。由于齿面滑动量大、摩擦力大，传动时仅限于蜗杆主动、蜗轮被动。通常情况下，蜗轮与蜗杆采用不同材料制成。

（7）螺旋锥齿轮

螺旋锥齿轮是齿长轮廓与节锥面的交线为曲线的锥齿轮，是可以平滑地进行啮合的齿轮。

2．连杆机构

连杆机构能实现转动到摆动、移动的运动变换，其基本型为四杆机构。根据连接运动副的种类，四杆机构可分以下几种。

（1）全转动副四杆机构

全转动副四杆机构的基本型为曲柄摇杆机构，可演化为双曲柄机构、双摇杆机构，其传动比为变量。双曲柄机构的一种特殊情况是平行四边形机构，可实现等速输出。为防止共线位置的运动不确定的现象发生，一般要加装虚约束构件。

（2）含有一个移动副的四杆机构

含有一个移动副的四杆机构的基本型为曲柄滑块机构，可演化为转动导杆机构、移动导杆机构、曲柄摇块机构、摆动导杆机构。

（3）含有两个移动副的四杆机构

含有两个移动副的四杆机构的基本型为正弦机构，可演化为正切机构、双转块机构、双滑块机构。

双曲柄机构、转动导杆机构都有运动急回特征，在要求周期短、慢动作的机械中有广泛应用。

3．凸轮机构

凸轮机构可实现从动件的各种形式的运动规律，也可以实现转动和移动的相互转换，以及转动向摆动的转化。根据从动件的运动形式和凸轮形状的不同，凸轮机构可分为以下几种。

（1）直动从动件平面凸轮机构

直动从动件平面凸轮机构的基本型是指直动对心尖底从动件平面凸轮机构，可演化为直动对心滚子从动件平面凸轮机构、直动对心平底从动件平面凸轮机构、直动偏置从动件平面凸轮机构。

（2）摆动从动件平面凸轮机构

摆动从动件平面凸轮机构的基本型是指摆动尖底从动件平面凸轮机构，可演化为摆动滚子从动件平面凸轮机构、摆动平底从动件平面凸轮机构。

（3）直动从动件圆柱凸轮机构

直动从动件圆柱凸轮机构的基本型主要指直动滚子从动件圆柱凸轮机构。

（4）摆动从动件圆柱凸轮机构

摆动从动件圆柱凸轮机构的基本型主要指摆动滚子从动件圆柱凸轮机构。

4. 螺旋传动机构

螺旋传动机构由螺杆和螺母以及机架组成，主要功能是将回转运动转变为直线运动，从而传递运动和动力。

螺旋传动按其用途可分为如下四类。①传力螺旋：主要用于传递轴向力。②传导螺旋：主要用于传递运动，如车床的进给螺旋、丝杠螺母等。③调整螺旋：主要用于调整、固定零件的位置，如车床尾架、卡盘爪的螺旋等。④测量螺旋：主要用于测量仪器，如千分尺用螺旋等。

5. 摩擦轮传动机构

摩擦轮传动是指利用两个或两个以上互相压紧的轮子间的摩擦力传递动力和运动的机械传动。摩擦轮传动可分为定传动比传动和变传动比传动两类。传动比基本固定的定传动比摩擦轮传动，又分为圆柱平摩擦轮传动、圆柱槽摩擦轮传动和圆锥摩擦轮传动三种形式。前两种形式用于两平行轴之间的传动，后一种形式用于两交叉轴之间的传动。

工作时，摩擦轮之间必须有足够的压紧力，以避免产生打滑现象损坏摩擦轮，影响正常传动。在相同径向压力的条件下，槽摩擦轮传动可以产生较大的摩擦力，比平摩擦轮具有较高的传动能力，但槽轮易磨损。变传动比摩擦轮传动更易实现无级变速，并具有较大的调速幅度。摩擦轮传动结构简单、传动平稳、传动比调节方便，过载时能产生打滑从而避免损坏装置，但传动比不准确、效率低、磨损大，而且通常轴上受力较大，所以主要用于传递动力不大或需要无级调速的场合。

6. 间歇运动机构

间歇运动机构是指主动件连续转动、从动件间歇转动或间歇移动的机构。基本型有棘轮机构、槽轮机构、不完全齿轮机构、分度凸轮机构等。每种机构都有不同的形式，可根据具体的要求进行设计。棘轮机构通过调整摇杆的摆角可实现不同的步距；外槽轮机构的主动转臂每转一周，槽轮转过四分之一周，其余时间静止不动；分度凸轮机构的凸轮连续转动，带有滚子的圆盘实现步进转动；不完全齿轮机构中，主动轮上的齿数按从动轮的运动时间与停歇时间的要求选择。

7. 瞬心线机构

瞬心线机构是把主动轮的转动转换为不等速的从动轮转动的机构，其机构种类很多，但设计原理基本相同。瞬心线机构可以靠摩擦传递运动或动力，也可在瞬心线上制成轮齿，形成啮合传动。瞬心线机构可以实现连续的、周期性的变速转动输出。

8. 带传动机构

带传动是利用张紧在带轮上的柔性带进行运动或动力传递的一种机械传动。根据传动原理的不同，有靠带与带轮间的摩擦力传动的摩擦型带传动，也有靠带与带轮上的齿相互啮合传动的同步带传动。

摩擦型带传动利用传动带与带轮之间的摩擦力来传递运动和动力。摩擦型带传动根据挠性带截面形状不同，可分为普通平带传动、V带传动、多楔带传动及圆带传动。

（1）普通平带传动

平带传动中，带的截面形状为矩形，工作时带的内面是工作面，与圆柱形带轮的工作面接触，属于平面摩擦传动。

（2）V带传动

V带传动中，带的截面形状为等腰梯形。工作时带的两侧面是工作面，与带轮的环槽侧面接触，属于楔面摩擦传动。在相同的带张紧程度下，V带传动的摩擦力要比平带传动大约70%，其承载能力因而比平带传动高。在一般的机械传动中，V带传动已取代平带传动成为常用的带传动装置。

（3）多楔带传动

多楔带传动中带的截面形状为多楔形。多楔带是以平带为基体、内表面具有若干等距纵向V形楔的环形传动带，其工作面为楔的侧面，它兼有平带的柔软、V带的摩擦力大的特点。

（4）圆带传动

圆带传动中，带的截面形状为圆形，圆形带有圆皮带、圆绳带、圆锦纶带等，其传动能力小，主要用于小功率传动，如用于仪器和家用器械中。

9. 链传动机构

链传动机构是把主动轮的转动减速或增速为从动轮的转动的机构，其基本型是指套筒滚子链条传动机构，它可演化为多排套筒滚子链条传动机构、齿形链条传动机构。链传动机构也是一种适合较大中心距的传动机构，其传动比为两链轮齿数的反比，输出同向的减速或增速连续转动。

10. 绳索传动机构

绳索传动机构是把主动轮的转动变换到从动轮的转动的机构，除具有带传动机构的功能外，绳索传动机构还具有独特的作用。由于一轮缠绕，另一轮退绕，两轮中间可有多个中间轮。绳索传动机构不能传递较大的载荷。

11. 液力传动装置

液力传动装置是一种利用液体的动能驱动工作机械，使之运转和进行能量转换的机构。液力传动装置有液力耦合器和液力变矩器两种。液力耦合器是一种非刚性联轴器，液力变矩器实质上是一种力矩变换器。

液力传动装置的整体性能取决于它与动力机的匹配情况。若匹配不当便不能获得良好的传动性能。因此，应对总体动力性能和经济性能进行分析计算，在此基础上设计整个液力传动装置。为了构成一个完整的液力传动装置，还需要配备相应的供油、冷却和操作控制系统。

12. 万向传动装置

万向传动装置的作用是连接不在同一直线上的变速器输出轴和主减速器输入轴，并保证在两轴之间的夹角和距离经常变化的情况下，仍能可靠地传递动力。它主要由方向联轴器、传动轴和中间支承组成。安装时必须使传动轴两端的万向节叉处于同一平面。

万向联轴器是能够沿着两个方向进行弯曲的关节，它主要用于把动力轴的转动传递到角度有些偏移的轴上去。这时如果使用单个万向联轴器，那么输入轴的转角与输出轴的转角不一致。也就是说，输入平滑恒定的转动，输出反而会发生波动，所以为了防止产生波动，万向联轴器通常是成对使用的。

万向传动装置在汽车上的应用主要有以下几个例子。

①装在变速器（或分动器）与驱动桥之间：一般汽车的变速器、离合器与发动机合为一体装在车架上，驱动桥通过悬架与车架相连。负荷变化或汽车在不

平路面行驶时引起的跳动，会使驱动桥输入轴与变速器输出轴之间的夹角和距离发生变化，须装有方向传动装置。

②装在越野汽车变速器与分动器之间：为消除车架变形及制造、装配误差等引起的其轴线同轴度误差对动力传递的影响，须装有万向传动装置。

③装在转向驱动桥的半轴处：汽车转向驱动桥的半轴是分段的，转向时两段半轴轴线相交会产生交角变化，因此要用万向联轴器。

④装在断开式驱动桥的半轴处：主减速器壳在车架上是固定的，桥壳上下摆动，半轴是分段的，须用万向联轴器。

⑤某些汽车的转向轴装有万向传动装置，有利于转向机构的总体布置。

13. 电磁机构

电磁机构是利用电磁转换原理实现从动件的转动或移动，常用于开关机构、电磁振动机构等电动机械中，如电动按摩器、电动理发器、电动剃须刀等机械中广泛应用了电磁机构。其工作原理是利用电磁效应产生的磁力完成机械运动。

反电磁机构是利用机械运动的切割磁力线作用产生电信号，对电信号进行处理后可判断机械振动位移大小和频率。反电磁机构多用于磁电式位移或速度传感器中。

14. 机构的组合

单一的机构经常不能满足工作需要。把一些基本机构通过适当的方式连接起来，从而组成一个机构系统，称之为机构的组合。

机构的组合方式有多种，通常分为串联式组合、封闭式组合和其他形式的组合。串联式组合由两个或两个以上的单自由度机构串联组成，前一机构的输出构件恰是后一机构的输入构件，以此改变单一基本机构的运动特性。封闭式组合通常是由一个单自由度机构去封闭一个双自由度机构。封闭式组合的设计思路比较灵活，它可以实现多种多样的运动变换。常用的双自由度机构为连杆机构和差动轮系，封闭双自由度机构的单自由度机构常用凸轮机构、连杆机构和齿轮机构，凸轮机构易于实现任意给定的运动规律，连杆、齿轮机构传力性能好，运动可靠。

15. 机电一体化机构

机电一体化机构是指在信息指令下实现机械运动的机构。随着科学技术的发展，机电一体化发展迅速。机电一体化系统是指电子学技术与机械学技术互相渗透、结合，集自动控制、智能、机械运动于一体的新系统。

三、机械的控制系统

机械系统在工作过程中，各执行机构应根据生产要求，以一定的顺序和规律运动，各执行机构运动规律可通过运动协调或由控制系统保证，下面主要介绍机械的控制系统。

机械控制系统的主要任务通常包括以下几点：①使各执行机构按一定的顺序和规律运动。②改变各运动构件的位置、速度、加速度等。③协调各运动构件的运动和动作，完成给定的作业环节要求。④对整个系统进行监控及防止事故，对工作中出现的不正常现象及时报警并消除。

机械设备中应用的控制方法很多，按元器件及装置的类型分为机械控制、液压控制、气动控制、电气控制，以及机、电、液综合控制等。

（一）机械式控制系统

早期机械系统中，机械式控制系统是主要的，如利用凸轮机构运动的变化进行控制。

（二）液压控制

液压控制是利用液压控制元件和液压执行机构，根据液压传动原理建立的控制系统。

（三）气压控制

由于以压缩空气作为工作介质，气压控制对环境污染小，适合易燃、易爆和多尘工作场所应用，其安全可靠性大大超过液压和电气控制系统，而且气动元件的动作速度高于液压元件。

（四）电气控制

电气控制应用最为广泛，与其他控制形式相比有很多优点，如电气控制系统体积小，操作方便，无污染，安全可靠，可进行远距离控制。通过不同的传感器可把位移、速度、加速度、温度、压力、色彩、气味等物理量的变化转变为电量的变化，然后由控制系统进行处理。

电气控制系统的基本要求：满足机械的动作要求或工艺条件；电器、电子元件选择合理，工作安全可靠；停机时，控制系统的电子元器件不应长期带电；有较强的抗干扰能力，避免误操作现象发生；便于维护与管理，经济指标好，使用寿命长；自动控制系统中应设置紧急手动控制装置。

（五）智能控制

智能控制是将计算机技术、电子技术、传感器技术和控制技术融为一体的先进控制手段。电子技术和传感器技术的发展对传统的机械产生了很大的影响。先进的电子控制技术可以简化机械系统的复杂结构。

对机电组合机械进行创新设计时，根据工艺动作要求设计出的机械系统，必须同时充分考虑控制元件及控制方法。也就是说，机械系统、计算机系统以及传感系统要作为一个整体考虑，力求机械系统的简化，以更好地发挥软件的优势，降低机器的成本。在选择控制种类时，可根据工作要求来选择计算机是开环控制还是闭环控制。

四、机械系统及其发展

（一）机械系统的基本组成形式

根据原动机、传动机构、执行机构的不同组合以及机械系统运动输出特性的不同，机械系统的基本组成形式见表 1-5。

表 1-5 中的线性机构是指机构传动函数为线性函数的机构，如齿轮机构、螺旋传动机构、带传动机构及链传动机构等，机构传动函数为非线性函数的机构则称为非线性机构，如凸轮机构、连杆机构、间歇运动机构等。

类型 1 和 2 是最基本、最常见的机械系统。如电动卷扬机属于类型 1，颚式破碎机属于类型 2。类型 5 在数控机床、机器人等自动机械中得到了较广泛的应用。其他类型则较为少见。

表 1-5 机械系统的基本组成形式

类型编号	原动机		传动机构		执行机构		机械系统的输出运动	
	线性原动机	非线性原动机	线性机构	非线性机构	线性机构	非线性机构	简单运动	复杂运动
1	√		√		√		√	

表 1-5（续）

类型编号	原动机		传动机构		执行机构		机械系统的输出运动	
	线性原动机	非线性原动机	线性机构	非线性机构	线性机构	非线性机构	简单运动	复杂运动
2	√		√			√		√
3	√			√	√			√
4	√			√		√		√
5		√	√		√			√
6		√	√			√		√
7		√		√	√			√
8		√		√		√		√

（二）机械系统的发展与演变

根据机械系统的运动是否具有可控制性，可把机械系统分为刚性机械系统和柔性机械系统。

1. 刚性机械系统

刚性机械系统一般泛指机械装置与电气装置独立组合的机械系统，只有简单的开、关、正反转、停止等独立的控制要求，其运动不具有可控性。许多传统的机械，如车床、铣床、刨床、钻床、起重机等都属于刚性机械系统。

2. 柔性机械系统

柔性机械系统可借助传感器或控制电路，通过计算机按位置、位移、速度、压力、温度等参数实施智能化控制，其运动具有可控性。改变控制软件或个别硬件即可改变机械功能，数控机床和机器人都属于柔性机械系统。

3. 机械系统的发展

电子技术的快速发展正在改变传统的机械系统，电子技术与机械技术的结合越来越紧密，催生了机械电子学这一新的学科。随着机械电子学的发展，刚性机械系统正在向柔性机械系统转变，机电一体化的机械系统日趋成熟。

第二章
机械产品创新设计
步骤、原则与方法

机械产品创新设计是在一定的设计原则与原理的基础上运用一些设计方法，通过相应的设计步骤将创意思维转化为实际产品的过程。它不仅需要工程师的技术专长，还需要对市场需求的敏锐洞察。本章将对机械产品创新设计的步骤、原则、原理与常用方法进行详细分析。

第一节　机械产品创新设计的步骤

一、设计准备阶段

（一）市场调研

进行机械产品创新设计首先要做好深入的市场调研。市场调研围绕技术推动型和顾客需求型产品展开，一个从技术入手来寻找需求，一个从需求着手来完善技术。二者均是为了找到真正的消费需求，因此都是必要的市场调研，是产品设计的方向。其次要构建灵活的开发组织。产品开发组织是由企业中的新产品委员会、新产品部、产品经理、新产品经理、项目团队、项目小组等组成的。产品开发的特点决定了团队合作需要高度的灵活性，时而交叉，时而平行。团队合作的最终目的就是保证产品研发过程高效、及时。产品设计是更迭的过程，为保证所加工的产品处于不断领先的地位，就需要产品具有强大的竞争力，因此要设计相对短的产品开发周期。很多公司对机械产品设计程序的控制比较严谨，一环套一环的、递进式传统顺向设计模式基本被并行设计模式所取代。并行设计是将各设计、加工、生产、销售等部门人员放到一起，使设计研发同步地展开，极大地提高了工作效率。例如，在设计过程中，结构工程师和产品设计工程师在产品方案阶段联合设计，一方面能增加方案设计的合理性，另一方面能使结构工程师提早了解设计的宗旨和表达的意图，以便提前准备结构、模具等，缩短产品开发周期，为产品上市争取优势。

（二）确立项目

机械产品创新设计一般包括开发性产品设计和改良性产品设计。开发性产品设计是全新的设计，比改良产品更有难度。为此，这里只介绍开发性产品项目的确立。正因为开发性产品设计没有上一代产品特性的限制，不需要考虑到产品的继承性，所以设计充满着各种可能性，有更广阔的空间发挥设计师的才能。设计师是十分愿意承担这样的设计项目的，并且非常喜欢这种充满不确定因素的挑战。这是开发性产品具有很强生命力的一个因素。另外，开发性产品由于其创新性而具有广阔市场，但也由于没有经过市场的考验而具有高风险性。为降低这种风险，就必须在开发性产品设计项目确立时把工作做得十分精细。

确立开发性产品设计项目是个难题，一旦决策失误，就会对企业造成巨大损失，甚至拖垮企业。因此，在做出决策之前要做好以下几点。

第一，开发性产品设计项目的确立要与当前社会发展相呼应并具有前瞻性。开发性产品设计是为解决一个还没有被解决的问题或更好地解决问题而存在的。随着经济的飞速发展，人们的需求也在不断变化，如果没有一定的预见性，开发性产品可能在投产之前就被淘汰了。因此，前瞻性决定着开发性产品的生命周期和改良机会。

第二，开发性产品项目的确立必须具有吸引人的创新点。开发性产品的特征就是创新，所以在确立开发性产品设计项目的时候，必须考虑到此产品有多大的创新空间。如果项目本身的创新点很少，那么设计就很难进行下去，即使勉强把产品设计出来，也不会具有很大的市场潜力。

第三，开发性产品项目的确立必须充分考虑市场需求。市场决定着产品的命运，特别是开发性产品，完全是摸着石头过河，所以项目确立前期的市场调研十分重要。市场潜在需求的发掘是开发性产品设计项目确定的一个重要环节，这需要决策者充分掌握市场信息，并且具有敏锐的市场洞察力。

第四，开发性产品设计项目的确定还要符合企业的理念。企业进行产品的开发是为了企业的利益，人们在购买产品的同时还购买了企业的品牌形象。所以，企业确立开发性产品设计项目时，就要考虑该项目是否符合本企业的理念，是否会影响社会大众对企业形象的认知等因素。

第五，开发性产品设计项目的确立可参考当下流行的设计理念。当下流行的设计理念往往面向当前社会存在的问题，如绿色设计是为了解决环境问题，系统设计是为了解决浪费问题，情感设计是为了解决快生活节奏导致的压力问题……开发性产品设计也是为了解决社会存在的问题和即将出现的问题，因此，开发性产品设计项目的确立可以从当下流行的设计理念中寻找灵感。

综上所述，开发性产品设计项目的确立需要决策者考虑各个方面的因素，以过人的魄力、预见性的眼光做出满足市场需要和符合企业理念的决策。

二、设计展开阶段

（一）设计草图

初步设计构思形成以后，就是设计草图的绘制。草图是设计展开环节的第一步，是设计师将构思由抽象变为具象的创造性过程，它实现了从抽象思考到图解思考的转换，是设计师分析研究设计的一种方法。

1. 创意草图阶段

设计师在设计研究的基础上进行发散式思维创新，绘制设计方案草图，综合考量客户的要求和修改意见，确定草图方案。设计草图上往往会出现文字注释、尺寸标定、颜色推敲、结构展示等。这些都是为了展示设计师理解和推敲的过程，以便快速构思。

2. 方案确定阶段

设计师通过之前的市场调研分析得出结论，对现有方案进行论证，并综合客户意见，进一步考虑成本等实际因素后，绘制手绘效果图，简单地表述产品功能及使用效果。

（二）筛选方案

由于机械产品创新设计的范围很广，各种产品的使用功能、使用对象、要求特征等情况各异，因而在对不同的机械产品设计概念进行评估与选择时，侧重点也有所不同。初步设计方案经过筛选后，设计师可以在一定范围内将构思进一步深化、发展。筛选方案之前，首先要确定筛选标准。设计中常用的方案评估原则有以下几点：①好的设计具有创造性。②好的设计提高了产品的实用性。③好的设计必须是美的。④好的设计在结构上必须是合理的。⑤好的设计不带欺骗性。⑥好的设计不强迫人接受它。⑦好的设计是耐用的。⑧好的设计必须有合理的细节处理。⑨好的设计具有环保意识。⑩好的设计具有简洁的形体。[①]

（三）评审方案

进入设计方案决定阶段，机械产品的外形样式基本确定下来，方案的进一步优化主要是细节设计的调整，同时要进行产品操作性和技术可行性探讨，包括产品生产方法、加工工艺、生产成本等因素，在技术上反复斟酌，寻求最佳的设计方案。此外，还要对产品设计过程进行有效监测和查明设计漏洞，确保最终设计产品满足设计方案和市场需要，对产品设计过程中的产品尺寸、产品材质以及产品结构等进行验证，以保证产品质量。

1. 方案评价

方案评价的基本内容如下。

第一，产品参数是否符合相关行业标准。

第二，产品功能性能是否符合使用者以及客户要求。

第三，产品设计原理是否满足产品功能实现的需求。

第三，外观设计是否满足市场需求，以及装配和包装的合理性。

第四，资源配置是否满足产品实现各过程的需求。

第五，设计开发阶段安排是否合理。

第六，设计开发人员安排是否合理。

2. 产品设计评价

（1）用户模型评价

用户模型评价是对产品是否符合消费者需求的评价，对大多数机械产品设计

① 张展，王虹. 产品设计 [M]. 上海：上海人民美术出版社，2002：40.

而言，通过了用户评价就代表通过了市场评价。用户反馈信息，可从客户对产品最终效果图的满意程度调查中得到。比如，先通过"你会不会购买这样的产品""市场中出现这样的产品会不会优先购买"等问题来获取部分评价信息。如果设计没有得到客户认可，要对用户反馈的问题和原方案设计进行对比，有针对性地修改产品设计。

（2）设备可行性论证

设备可行性论证包括科技发展水平和产品技术、技术创新程度评价以及产品开发成本的评价，它们在整个设计流程中起着至关重要的作用。其主要内容包括产品的设计是否（引）用以前类似设计的信息，如有引用是否合理；是否明确产品制造所需的指导信息；对工艺文件、检验文件、程序制作标准等因素进行综合评价。①

三、技术设计阶段

技术设计（细节设计）是在方案设计的基础上将原理方案具体化、参数化、结构化，根据功能要求确定零件的材料，通过失效分析确定结构的具体参数，通过功能分析和工艺分析确定零件的具体形状及装配关系。技术设计阶段的目标是完成总装配草图及部件装配草图，并通过草图设计确定各部件之间的连接以及零、部件的外形及基本尺寸。最后利用 Rhinoceros、Pro/Engineer、3ds Max 等专业设计软件进行三维数字模型构建，并绘制零件的工作图、部件装配图和总装图。

此外，为了提高机械产品的市场竞争力，还要根据人机工程学（工效学）原理进行宜人化设计，根据工业设计的原则进行产品的外观设计，让产品既实用，又适应市场商品化的要求。

四、施工设计阶段

施工设计是在装配图设计的基础上根据施工的需要绘制零件图，完成全部设计图样，并编制设计说明书、使用说明书及其他设计文档。

在产品投产前要通过产品试制，检验产品的加工工艺和装配工艺。根据试制过程进行生产成本核算，对产品设计提出修改意见，进一步完善产品设计。

---

① 郑路，佟璐琰，陈群 . 产品设计程序与方法 [M]. 石家庄：河北美术出版社，2018：47.

第二节　机械产品创新设计的原则与原理

一、机械产品创新设计的原则

机械产品创新设计过程必须遵循设计原则，避免造成不必要的经济损失。

（一）继承原则

任何产品设计均是集前人经验和个人努力而成。设计师在开始机械产品创新设计时，要明确设计任务和目标，要调查、搜集国内外资料，研究、分析发展现状和水平，在继承、吸收前人成果的基础上，根据课题任务进行创新设计，以取得满意结果。

（二）可靠原则

机械产品创新设计力求技术先进，但更要保证使用中的可靠性，防止因零件早期失效而影响正常工作。产品可靠性，是指产品在规定条件下和规定时间内，完成规定功能的能力，即产品无故障运行的时间长短。这是评价产品质量优劣的一个重要指标。

（三）效益原则

任何设计都必须讲求效益，因此机械产品创新设计要在可靠的前提下，力求做到经济合理，使产品"价廉物美"，以获得较大的竞争力，创造较高的技术经济和社会效益。[①]

（四）以人为本的原则

市场应该是产品设计成功与否的最大裁判者。机械产品创新设计是以用户需

[①] 陈淑连，张爱淑，徐桂云. 机械设计基础课程设计 [M]. 徐州：中国矿业大学出版社，1994：2.

求为导向的，这是许多国际知名大企业都非常注重的重要设计原则，在他们的新产品研发步骤当中，以人为本的原则体现在许多设计的细节上。

（五）系统化原则

机械产品创新设计是一种最新智力资源，它是产品和企业管理各个方面系统化运作的结果，发达国家的设计师对工业设计的系统化更是深有体会，已将这种智力产品普遍化。机械产品创新设计的价值得不到企业与社会的承认必然会阻碍设计实务机构的成长，导致难以建立为企业及社会公共事业开展设计的社会服务系统。机械产品创新设计过程中的系统化概念尚未被国内企业界真正接受是十分重要的原因。有些企业虽然逐渐开始自觉引入机械产品创新设计，却仅把它当作设计人员和技术人员的事，各类人员和科室以互为独立的状态开展工作，距离上级管理层、决策层甚远。

设计人员除了课堂上学到的各种专业知识和技能之外，还必须具备广博的历史、文化、地理、国际事务、营销学知识，还要善于把专业知识与人文科学、自然科学知识巧妙地加以结合，综合运用多方面的知识和技能。另外，还要把自己在设计室内的设计思想与自己的上级领导及时沟通并获得上级的肯定，这又需要设计人员具备良好的语言表达能力、人际关系协调能力等。

（六）环保原则

起源于 20 世纪工业化时代的设计造成了不可挽回的环境污染。在崇尚回归自然文明的现代思潮的大背景下，全球出现了保护自然、保护环境的呼声，这一呼声尤其针对现代工业发展中的资源浪费、环境污染问题，因此工业设计理应扮演重要的角色。

"低碳设计""绿色设计"是环保原则的具体表现。当代绿色设计需求给机械产品创新设计师提出了一个严肃的课题，它强调保护自然生态，充分利用资源，以人为本，与环境为善。作为设计人员，无论从意念到表现，都要注重环保理念在机械产品创新设计中的运用，赋予设计新的生命内涵，同时顺应现代审美潮流，追求环境保护的效果。

因此，运用绿色设计理念，完善设计作品与人类的协调势在必行。在环保原则指导下，当代设计人员对机械产品创新设计的功能、性能、造型形态进行多方面分析，满足各种人群的个性化要求（包括心理和生理需求），对产品的使用方式、使用时间、使用地点、使用环境进行研究，以及由此产生的社会影响（如安全、环保、低耗）等，进行科学系统地分析、归纳，对产品的整体形象设计进行定位，通过方案的选择、优化，形成产品形象设计的绿色环保性。

二、机械产品创新设计的原理

（一）国外的机械产品创新设计理论

美国的 Jehnson R.C. 较早从设计方法学的观点总结机械创新设计的过程方法，将创新技术引入机械设计过程，并进行了大量的工业实例的创新设计；Nigel 提出了创新设计过程的描述模型；苏联的发明家 G.S.Altshuller 基于专利分析，提出了发明问题解决理论（TRIZ）；日本的 Akao 提出了质量功能配置（QFD），建立了用户要求与设计要求之间的关系；A.F.Osborn 提出了头脑风暴法；P.J.Lovett 提出了基于知识工程（KBE）的设计方法等。

在知识表达和建模方面，国外借助人工智能（AI）技术和数据库技术来推动概念设计的智能化。Adzhiev 提出了面向代理的方法，有利于在并行设计环境下使各种设计变量保持高度一致性；Tabel.Bendiab 应用基于实例推理和机器学习的技术学习设计实例并存储起来；Li 利用定性启发式搜索方法辅助机构的概念设计。

在基于计算机的设计环境方面，Twente 建立了一个机电一体化产品的设计支撑环境，支持多模型状态；Tomiyama 利用大型数据库建立了一个概念设计开发环境；Sharpe 主持开发的环境着重于集成，同时利用了超媒体和超文本技术。[①]

（二）国内的机械产品创新设计理论

颜洪森教授提出了一种具有较强操作性的机械（机构）创新设计的程序；李学荣教授提出了机构创意设计；肖云龙教授对创新设计的基本特征、设计原理与创新方法学等做了系统的阐述；洪允楣教授提出了"机构组合变异法"；华大年教授等提出了"同性异性机构演化法"；潘云鹤教授等提出了基于空间探索的创造性设计方法；冯培恩教授等采用设计目录法对复杂技术产品进行了智能优化；孙守迁教授等提出了基于组合原理的概念创新设计方法；邹慧君教授等提出了机械产品方案创新设计的计算机辅助设计（CAD）方法和实现模型；王玉新教授等开发了智能化的计算机辅助机构创新设计软件系统；檀润华教授提出了技术进化驱动的产品概念设计宏观过程模型，该模型既适用于新一代产品的概念创新，

---

① 李艳，黄海洋．机械产品专利规避设计 [M]．北京：机械工业出版社，2020：3-4.

也适用于产品的改进设计；孔凡国教授将方案创新设计过程划分为两个主要阶段，开发了机械方案创新设计智能支持系统（MCiDiss）；黄克正教授等基于功能表面的概念，开展了结构创新设计自动化的研究；谢友柏院士强调了知识的获取及管理对于创新设计的意义；周济教授等的研究主要集中在基于实例上，将研究成果应用于工程中的再设计问题及实例检索与重用上，其侧重点在结构设计上，开发了机翼结构方案智能设计系统；王靖滨等提出了基于 FBS 的产品创新设计模型；贾建援教授等针对机电产品创新设计进行了研究；徐志刚教授等构建了基于广义映射原理支持产品创新设计自动化的软件原型系统；邓家褆教授发展了一个名为"三叶草（Clover）"的设计自动化系统概念模型，目标是建立支持产品创新设计的新一代设计自动化技术系统等。

　　另外，欧美国家以发明问题解决理论（TRIZ）研究为基础，结合本体论（Ontology）、现代设计方法学、计算机软件技术等多领域科学知识，综合形成的计算机辅助创新（CAI）理论是当前机械产品创新设计的基本原理。

　　CAI 可辅助设计师有效地利用多学科领域的知识和前人已有的研究成果，结构化地分析问题，并充分调动已有知识，创造性地帮助设计者提出和解决发明问题，可以在产品的概念设计、技术设计及工艺设计阶段帮助设计者解决发明问题。CAI 与 CAD、计算机辅助制造（CAM）、计算机辅助工艺过程设计（CAPP）都是新产品开发必不可少的软件工具。在欧美，以 TRIZ 为核心原理开发的计算机辅助创新软件已经成为主流，如 Invention Machine 公司的 Goldfire、Ideation International 公司的 Innovation Work Bench（IWB）、德国 TriSolver 公司的 TriSolver、比利时 CREAX 公司的 CREAX Innovation Suite 等。当然，国内也研发了基于 TRIZ 的软件，比如河北工业大学檀润华教授团队研发的 Invention Tool 3.0，该软件将 TRIZ 中的技术进化理论、冲突解决理论、质量功能配置、公理设计集成，能够实现对产品当前的结构状态的分析，预测未来发展的可能状态，为新产品开发提供原始设想；上海交通大学的邹慧君教授等人结合机械产品概念设计开展了较为系统的研究，他们以机械运动系统作为概念设计的对象，用组合分类法对机构分类，建立相应的存储和编码规则，以二元逻辑推理与模糊综合评价相结合的方法建立推理机制，得出可行方案解，开发了"机构系统方案设计专家系统"；天津大学的王玉新教授提出了三维平台的复杂机械系统创新设计自动化理论体系，并构建了相应的自动化平台，实现了复杂机械系统自创新性方案的创成到运动分析、结构设计、布局设计，以及三维虚拟仿真等的设计过程；山东的孔凡国教授将方案创新设计过程划分为两个主要阶段——基于实例功能推理的原始机械方案生成阶段和基于结构推理的方案创新设计阶段，开发了机械方案创新设计智能支持系统（MCIDISS），并以此为基础提出了功能-行为-结构的概念设计模型和基于样体知识表达和推理相结合的方法，使领域知识和基础知识相互融合，以便产生多层次的创新解；李艳在《基于 TRIZ 的印刷机械创新设计理论和方法》一书中首次提出了基于 TRIZ 的 CAI 技术与 CAD 相结合的机械创新设计思想，并开发了以 TRIZ 为基础的印刷机械创新设计平台，填补了国内基于 TRIZ 的 CAI 技术与 CAD 相结合的研究的空白。[①]

上述结论都是以创新理论为基础，结合现代设计方法、计算机技术及本领域的知识，辅助设计人员在产品的概念设计阶段进行创新，高质量、高效率地提出可行的创新设计方案。这些方案以丰富的创新知识库为支撑，利用计算机存储信息量大、计算速度快、稳定可靠的优点，减少创新设计过程中人为的偶然性和片面性，因此用它们来解决产品的技术问题和进行创新比传统的方法更为有效。

第三节　机械产品创新设计的常用方法

一、群体集智法

（一）智力激励法

1. 智力激励法的四项原则

智力激励法又称为头脑风暴法，是由美国创造学家奥斯本于 1939 年正式提出的。智力激励法的核心在于通过小型会议的形式，让所有参与者在自由愉快的气氛中相互启发灵感，最终产生创造性思维的决策方法。在采用这一方法进行集体智慧的激发时，需要注意以下几个方面。

第一，自由思考原则，即尊重会议成员的个性化思考。会议进行过程中应当秉持自由发言的理念，营造轻松愉悦的讨论氛围，使参与会议的每一个人都敢于

---

① 李艳，黄海洋. 机械产品专利规避设计 [M]. 北京：机械工业出版社，2020：5.

发表自己的观点。

第二，延迟评判原则，即不对问题讨论的结果立即做出判断。在过去的大多数会议开展过程中，通常在一方提出见解时，持相反意见的另一方会下意识地立刻指出其中的问题，从而得出不可行的判断结果。这种行为具有一定的武断性，阻碍了一些具有可行性和新颖性的方案产生。对此，美国有关研究学者经过一定的实验后得出，在讨论问题时适当延迟判断的时间，能够产生更多有建设性的新想法。在集体思考问题时可多产生 70% 的新设想，在个人思考问题时可多产生 90% 的新设想。[①]因此，在会议开展中运用智力激励法时，应当对每个成员提出的观点保持一视同仁的态度，不能使用过于绝对的评价。关于不同想法的判断，可以在会议结束后，结合实际情况进行综合判断。

第三，以量求质原则，即尽可能地发散思维，以数量的叠加来推动高质量想法的出现。智力激励法认为，在就某一问题进行想法的探讨时，产生有创新性、可行性的想法的概率往往与想法数量成正比。尽管可能一开始提出的想法并不符合要求，但随着思维的发散与碰撞，就会逐渐形成具有价值的想法。有研究表明，在一次头脑风暴会议中，下半场的观点更具有可行性，其价值要比前半部分高 78%。[②]因此，在运用智力激励法的会议中，有关会议成员应当尽可能地发散自己的思维，对所讨论的问题的深度和广度进行广泛探索，从众多想法中提炼出最有价值的观点。

第四，综合改善原则，即鼓励参与会议成员借题发挥，对别人的设想进行补充，使其完善成新的设想。俗话说："三个臭皮匠，顶个诸葛亮。"在以智力激励为主题的会议中，不同成员在知识、信息与能力等方面各有千秋，因而在讨论的过程中，知识与想法的碰撞往往会以互补和互激的方式产生新的设想，并最终得到完善。因此，在开展这类会议的时候，会议参与成员应当对其他成员的观点保持尊重，从别人的观点中吸收有益的部分，或将其与自己观点的可行部分结合，形成一个更有价值的设想方案。

2. 智力激励法的运用程序

（1）准备工作

智力激励法的准备工作主要由以下四个部分组成。

第一，制定会议主持人筛选标准，并根据标准确定主持人。通常而言，这类

---

① 王晖. 机械产品创新设计与 3D 打印 [M]. 北京：机械工业出版社，2021：13.
② 袁翔，袁凌杰. 大学生创新创业教程 [M]. 成都：电子科技大学出版社，2017：57.

会议的主持人应当对智力激励法的主要理论有所掌握，并清楚智力激励会的召开环节，同时还要有相应的控场能力。

第二，确定会议主题。通常，智力激励会议的主题主要由会议问题发起者和主持人共同商定。在商定主题的过程中，不能选择过于复杂或涉及领域较多的问题。因为智力激励会议具有思维广泛发散的特点，因素过多的复杂问题会导致设想的提出不受控制，从而导致一致性与明确性的缺失。

第三，确定参加会议人选。会议人数以 5 ～ 15 人为宜，人员的专业结构要合理。应保证大多数与会者都是对议题熟悉的专家，并且有全面多样的知识结构。尽量选择有实践经验的人，这对提高会议的效果有利。

第四，在会议开始前，向参与会议成员发出邀请。

（2）热身活动

在应用智力激励法会议过程中开展的热身活动，主要在于帮助会议成员迅速进入讨论状态。这一环节不需要安排过多时间，主持者和会议组织者可以根据讨论的问题随机进行安排。预备活动形式多样，包括观看与创意想法相关的视频片段、分享运用创新技巧的短篇故事、提出一些智力游戏题目等。

（3）明确问题

在热身活动结束后，就可以进入"明确问题"环节。这一环节主要是让会议成员初步认识与了解所要讨论问题的性质与方向，从而更好地进行创新思维的发展。开展这一环节时，首先是主持人向会议成员阐述讨论的问题，在阐述的过程中，主持人不仅要采用简单明了的语言，还要采取能够拓展会议成员思路的方法，以避免影响会议成员的思路开展。例如，针对革新一种加压工具的问题，如果选择"请大家考虑一种机械加压工具的改进方案"这种表述方式，就把大家局限在"机械加压"的技术领域。如果改为"请大家考虑一种提供压力的改革方案"，则给了与会者更广阔的思路空间。

（4）自由畅谈

"自由畅谈"是整个会议的主体环节，对最终提出设想的数量和质量有着重要影响。因此，在这一环节中，主持人应当采取一系列措施，营造出自由讨论的氛围，激励会议成员发散自己的思维，与其他成员之间进行思想碰撞，最终提出更多高质量的构想。此外，在这一环节中，主持人要确保遵守上述提到的自由思考、延迟评判、以量求质、综合改善四项原则。

（5）加工整理

在"自由畅谈"环节完成后，主持人和问题发起者应当邀请专业领域人员，结合实际情况对会议上提出的问题进行分析和判断，通过层层筛选得出最具有价值的方案设想。需要注意的是，针对某一问题的设想，有时候并不能仅仅通过一个会议就得出理想结果，必要时可以组织第二次会议。

（二）书面集智法

智力激励法因其对大量想法的推动作用，在提出后就得到了大量的应用。然而，人们在大量的实践中发现了这种方法的不足。例如，一些成员的创新想法通常是在安静的环境下经过深思而得出的，而会议带有一定的即时性，无法帮助这类人进行创新想法的表达。因此，为了避免会议讨论形式在创意想法产生上的消极影响，不少专家学者针对参与者的不同特点，对这一激励讨论方法进行了多次改良，总结出一项核心原理相同但实行方式有所变化的群体集智方法。其中，书面集智法是最普遍的一种，其与智力激励法最大的不同之处是通过手写的方式表达自己的观点与想法。实施时，人们又常采用"635法"的模式：每次会议请6人参加，每人在卡片上默写3个设想，每轮历时5 min。具体而言，在采用书面集智法时，有以下工作环节。

第一，会议的准备。选择熟悉书面集智基本原理的会议主持者，确定会议的议题，并邀请6名与会者。

第二，进行轮番性默写激智。首先，由主持人介绍本次会议讨论的问题。会议成员在主持人介绍议题后可以针对其中不清楚的地方进行提问，主持人进行解答。疑问解释完毕，即可进行想法的默写。在默写的过程中，先由组织者给每人发3张卡片，每张卡片标上1、2、3号，在每两个设想之间留出一定空隙供其他人填写。在第一个5 min，要求每个会议成员针对议题在卡片上填写3个设想，然后将设想卡传递给右邻的与会者。在第二个5 min，要求每个人参考他人的设想后，再在卡片上填写新的设想，其设想的内容可以是根据他人的设想对自己的想法进行调整，也可以是对其他设想提出意见，还可以是对几种有联系的设想整合后提出的新想法，填写好后再右传给他人。按照这种方式，可以做到在半个小时内循环五次，最终形成108条设想。

第三，筛选有价值的新设想。会议结束后，将所有写有设想的卡片收集起来进行筛选，最终确定最具有价值和可行性的设想方案。在筛选的过程中，要注意对最后一次填写的设想卡片进行重点分析，因为这一轮的卡片通常更具有实用价值。

（三）函询集智法

函询集智法又称德尔菲法，是一种通过书面形式反复征求专家意见以获得创意和预测的方法。其实施原理主要是采用信息反馈的方式，通过多轮的函询，收集并整合专家的知识和经验，最终得出结论。在采用这一方法进行专家群体集智时，需要先明确讨论的课题，将需要询问的问题制作成表格，再搜索课题涉及领域的专家，对其发出邀请并得到同意后，将调查表格邮寄到专家手中，等待专家答复寄回。在收到专家的回复后，对设想进行分析与整合，最终制作出专家意见的整合表，并将其与最初的调查表一起邮寄给专家，进行第二轮的函询。在第二轮函询过程中，各个专家可以在意见整合表中了解其他专家的想法，从而对自己的想法产生新的认识，进行进一步完善。可以说，函询集智法提供了一个结构化和系统化的意见收集、分析模式。在这种模式下，能够得出许多质量更高的构思方案。

综上所述，函询集智法具有以下优点。第一，匿名性。专家之间不直接面对面交流，有助于避免专家的设想在现场受到其他专家的影响，使得专家能够更自由地发表自己的意见。第二，有信息反馈。在每一轮函询结束后，组织者会将收集到的意见进行整理和概括，然后反馈给所有专家，以便他们在后续轮次中能够基于他人的见解进一步提出或完善自己的意见。第三，多轮迭代性。根据需要，函询可以进行数轮，每一轮都可能产生新的设想或对已有设想进行补充和修改，从而获得更多有价值的设想。第四，结构化过程。函询集智法通常包括明确的问题设定、专家的选择、调查表的设计与发放、意见的收集与整合以及最终结果的分析和报告。同时，函询集智法也具有以下几个方面的不足。第一，轮回周期较长，可能需要较长的时间来完成多轮的函询和反馈过程。第二，即时性较弱。在提出新颖性高的设想方面可能不如面对面的头脑风暴法那样直接和迅速。第三，对整理人员要求较高，需要完善的信息整理和筛选机制，以确保重要信息不被遗漏。

二、系统分析法

（一）设问探求法

1. 设问探求法的工具和特点

设问探求法也被称为检核表法或奥斯本设问法，是一种创新思维的激发方法，其主要通过系统地提出一系列问题来激发思考和创意。设问探求法的核心在于以一个特定的对象或问题为主题，从多个角度提出问题，然后逐一分析和讨论，以确定最佳的解决方案或创新思路。

在机械产品的创新创意设计中，问题的提出是一个重要的前提。然而，在实践活动中，问题的提出对许多人来说都是一个比较有难度的事情。对此，设问探求法中的设问能够有效解决，该方法能够通过强制性思考的方式，帮助人们突破难以发现问题的限制，在对问题的一次次思考中产生新的想法。

美国创造学家奥斯本在《发挥创造力》一书中介绍了为数众多的创意技巧。后来，美国创造工程研究所从这本书中选择9个项目，编制出了《新创意检核用表》，以此作为提示人们进行创造性设想的工具。结合上述两类资料的内容，可以得出在采用设问探求法的过程中，主要可以从以下9个角度出发。[①]

第一，在现有事物的基础上，能否通过对其结构、属性、功能的研究发现新的用途？

第二，在现有事物的基础上，能否借用其他事物的经验、外形、原理以达到对现有事物的改进？

第三，在现有事物的基础上，能否通过对其意义、颜色、气味等方面的改变，以达到对现有事物的改进？

第四，在现有事物的基础上，能否通过增加其在时间、频度、强度、高度、长度、厚度、附加价值、材料等方面的特性，以达到对现有事物的改进？

第五，在现有事物的基础上，能否通过减少其在时间、频度、强度、高度、长度、厚度、附加价值、材料等方面的特性，以达到对现有事物的改进？

第六，在现有事物的基础上，能否通过替代或改变其材料、制造工艺、动力等来进行改进？

第七，在现有事物的基础上，能否对其设计条件、型号、设计方案、设计顺序等进行调整，以达到对现有事物的改进？

第八，在现有事物的基础上，能否通过对其方位、原理等进行颠倒，以达到对现有事物的改进？

第九，在现有事物的基础上，能否将其与其他事物的功能、设计进行组合，以达到对现有事物的改进？

设问探求法主要通过提出问题激发人们对议题的思考，适用于各种类型和场合的创造性思考，所以被人们誉为"创造性技法之母"。具体而言，这一创意创

---

① 王晖. 机械产品创新设计与3D打印 [M]. 北京：机械工业出版社，2021：16.

新方法具有以下几个特点。

第一，设问探求法具有一定的强制性，能够让人们在提出问题的过程中加深对所探讨课题的认识与理解，刺激大脑高速运转。

第二，设问探求法强调从多个方向出发进行问题的思考，先广泛地探寻提出问题的可能性，再进行深入挖掘和分析，以得出更加完善、可行的构想。人类大脑为了节约能量，往往在思考上面具有天然的惰性，不会自发地针对某一问题进行多角度的、深入的思考，而带有强制性的设问探求法能够有效弥补这一缺陷。

第三，设问探求法给创造活动提供了最基本的思路。创造思路固然很多，但采用设问探求法这一工具，就可以使创造者尽快地集中精力朝提示的目标和方向进行思考。

2. 设问探求法的运用要点

基于上述所提到的使用工具和实施特点，可以得出设问探求法的两个运用要点。

第一，对所探讨的课题和提问中所涉及的对象进行深入分析，这是进行设问的一个重要前提。比如，在对某一市场中的产品进行完善或创新时，应当从产品本身出发，对其性能、设计方式、特点以及市场趋势等进行深入分析和了解。只有这样才能设计出更有价值意义、更符合市场需求的产品。

第二，对设问探求过程中提出的问题进行反思推敲。在针对设问本身进行反思推敲的过程中，可以从以下几个方面入手。首先，对提问方法进行归纳与总结，如"有无其他用途"可视为"用途扩展法"，"能否颠倒"可视为"逆向思考法"，以便在后续其他主题的创新创意点研究中直接应用。其次，将提出的设问与已经归纳的其他提问方法结合起来，如"能否改变"这一问题可结合缺点列举法改变事物的缺点，也可结合特性列举法将事物按特征分解后再思考如何改变；最后，将所提出的设想整合起来进行判断，对其实践价值与意义进行分析，筛选出具有价值意义的设想。

（二）缺点列举法

1. 运用缺点列举法的基础

缺点列举法是创新设计中的一种常用方法，通过对某个事物或设想存在的缺点进行挖掘，并将列举出来的缺点加以克服，就可以使事物或设想有所创新，更加具有价值。这种方法通过全面地了解问题或方案的缺点，可以更加客观地进行评估和决策。缺点列举法有效抓住了人们对缺点改正的强迫性，是促进创意设想产生的有效方法。

由于人类天性中带有惰性和不愿踏出舒适圈的习惯，在面对某些存在一定缺点的事物时，往往选择满足于现状，因而难以发现其中存在的不足。对此，缺点列举法的使用，可以以一种科学性和强制性的模式督促人们进行思考，走出思维的舒适区，通过发现问题来进行产品或设想的完善。也正是因为缺点列举法具有这些特点，所以在使用时需要具备追求卓越的目标和深入思考的习惯，这是运用缺点列举法的重要基础。此外，在运用缺点列举法指出方案或设想存在的缺点后，还需要克服和修正。因此，改进和完善能力也是运用缺点列举法必不可少的综合能力基础。

2. 掌握系统列举缺点的方法

（1）用户意见法

一个产品的设计，只有被消费者真正体验感受后才能得到最真实的反馈和评价。因此，用户意见法也是缺点列举法中比较具有可行性的。具体就是指将设计出来的创新产品放入市场，让消费者在使用后提出相应的意见，最后将这些意见整合起来，对产品进行调整与改进。

（2）对比分析法

通常情况下，很多事物的缺点往往是在对比中显现出来的。因此，在针对某一事物或产品进行缺点列举时，对比是一个可行的方法。具体而言，在应用这一方法找出缺点时，要确保进行对比的事物具有参考性。例如，在对某一电器产品进行缺点列举时，应当选择同一种电器的不同品牌进行对比。同时还要明确比较的内容，如功率、价格、外观等，从这些同类型不同表现的对比中挖掘出缺点并加以改进。

（3）设会列举法

设会列举法，就是基于缺点列举法开展的会议讨论，是针对某一产品或方案等进行缺点挖掘的专项分析。通常而言，在开展此类会议时，需要遵循以下几个环节。第一，确定主持人，明确会议所需要分析探讨的对象。第二，拟定会议的召开时间和参与成员，对参与者发出会议通知。第三，开展会议，鼓励参与成员列出讨论对象的缺点，并将提出的缺点记录在会议提供的卡片上。第四，会议结束后，归纳、整理与分析会议中提出的缺点，筛选出其中最具有代表性的要素。第五，以改掉缺点为目标，开展第二次会议，共同探讨调整的办法。在开展设会列举法时，需要注意会议时间不宜过长，否则会影响成员思维的发散。同时，也不能将探讨的主题对象范围设置得太大，确保明确性和针对性。

（三）希望点列举法

1. 希望点列举法的特点

希望点列举法是一种创造性思维方法。这种方法的核心在于不断地提出"希望""怎么样才会更好"等愿望，进而探求解决问题的对策。它通过提出对某个问题或事物的希望，将问题和事物的本质聚合成焦点来加以考虑。希望点列举法与缺点列举法既有区别也有一定的联系。一方面，希望点列举法具有从正面、积极的角度出发进行思考的特点，与缺点列举法完全相反；另一方面，希望点列举法中提出的希望式设想有时候也是由缺点转化而来的，比如将对某缺点的不满转变为希望改进的方向，因而二者间又有一定的联系。通常而言，希望点列举法要比缺点列举法范围更大，更不受现有事物的束缚，是一种积极主动型的思考方式。

2. 希望点列举法的运用原则

尽管希望点列举法具有较为明显的优势，在具体应用时也不会受到较多限制，但在使用过程中，同样要遵守一定的原则。

第一，结合探讨对象所在环境进行分析。希望点的列举虽然需要从某个具体的确定信息点出发，但这并不代表只需要单一地围绕这一点进行探讨。任何事物或产品的生成，都离不开所在环境的影响。因此，结合事物所在环境进行分析，是运用希望点列举法的一个重要原则。

第二，分析产品或其他探讨对象的社会需求。社会需求是指一个社会在特定时期内为满足其成员的基本生活和发展需要而产生的对各种商品和服务的需求。这些需求是多样化的，并且随着社会的发展和人民生活水平的提高而不断变化。这种需求涵盖了社会生活中的各个领域，因不同的领域和分类标准而异。纵观人类从早期发展到今天的历史，可以发现人们的社会需求是跟随经济发展和生产劳动的进步而不断多样化、复杂化的。新需求的不断出现，一步步推动着人类社会文明的更迭与发展，促进创新的出现。因此，在运用希望点列举法进行创新创意活动时，分析产品的社会需求也是一个重要方法。同时，在分析社会需求的过程中，也要认识到不同领域需求之间的联系性。例如，对衣、食、住、行等生活消费品的需求，往往能够进一步推动工业机械设备的制造。因此，日常生活领域的需求与工业领域的需求是有着紧密联系的。从这一角度来看，以基于需求的方式探讨产品或设想的希望点时，应当从多个领域出发，尽可能地分析任何有关的社会需求，并将这些需求联系起来，综合分析产品或方案构想的可行性。

（四）特性列举法

特性列举法是一种解决问题和创新思维的方法，也被称为属性列举法，由美国创造学家罗伯特·克劳福德教授提出。该方法通过系统地列举和分析某个对象或问题的所有可能特性，来激发创意和寻找解决方案，可以帮助人们从不同的角度看待问题，发现可能被忽视的改进点，具有详尽性、系统性、启发性等特点。特性列举法认为，某类事物中各个方面的属性都可以被拆分成独立个体，再对其加以创新和改进，从而形成创新设想。例如，在对一台电风扇进行改进或创新时，如果只将其当作整体来探求，就很难产生新的想法。但如果将风扇的各个组成部分拆分开来，针对其中的叶片、供电设备、支架、防护网等分别进行属性思考，就能有针对性地逐个进行创新改进。不过，这种拆分思路并不适用于所有问题。

正如克劳福德教授所说："所谓创造就是要抓住研究对象的特性，以及与其他事物的替换关系。"[①] 因此，使用特性列举法的关键就是找到列举对象所具有的独特属性。在特性探求的过程中，可以从以下三个词性入手。第一，名词特性，如事物的外观、组成结构、所用材料和制作工艺等；第二，形容词特性，如性质等；第三，动词特性，如产品的性能等。基于这三大词性下的特性归属，针对某一事物进行特性列举时，对其所拥有的各种属性进行改进或创新，使组成部分的创新共同构成一个整体的创新。

具体而言，在使用特性列举法时，主要从以下几个环节展开。第一，选择对象，即明确需要解决的具体问题或需要创新的对象。第二，对已选择的对象进行属性拆分，再在此基础上分析出各个属性的已有现状，如物理特性、功能特性、使用特性和其他特性等，再对每一项特性进行深入分析，考虑其可能的改进点或变化。第三，对归纳出的各种属性特征进行分析、归纳和整理，具体归纳整理时从名词特性、形容词特性、动词特性的分类入手。第四，根据特性分析的结果，提出改善或创新的具体方案，并在方案提出的过程中尝试组合不同的特性，以创造出全新的概念或解决方案。在以上实施步骤中，最后一步的创新方案是所有步骤中最关键的一步，是决定针对这一事物展开的设想的创新性的重要环节，需要研究者具备敏锐的观察能力和较强的创造能力。

---

① 黄友直，肖云龙. 创造工程学 [M]. 长沙：湖南师范大学出版社，1995：136.

（五）形态分析法

1. 形态分析法的特点

形态分析法又称形态矩阵法，是一种系统性地解决问题和决策制定方法，最早在 20 世纪 40 年代由瑞士裔美国籍学者弗里茨·兹维基提出。该方法通过分解复杂问题的不同方面，并系统地组合这些方面来探索所有可能的选择和解决方案。在形态分析法的使用中，因素和形态是两个必不可少的要件。其中，因素指的是构成某种事物各种功能的特性因子，它们是问题的基本组成部分，对因素进行提取的过程就是将问题分解成若干基本组成部分的过程。这些因素在功能上应该是相对独立的，即改变其中一个因素时，不会影响到其他因素。形态则是指实现事物各种功能的技术手段或产品零部件。在使用形态分析法的过程中，每个因素的提出都需要列出所有可能的形态，即所有可能的技术手段或解决方案，这些形态是实现每个因素功能的具体方法或技术。由于因素和形态在事物中具有不同的属性，其在形态分析展开的过程也应有不同的处理方式。具体而言，在开展这一方法时，应当对其中的因素进行分解，而对其形态进行综合。在分解与综合的过程中，需要研究者灵活运用自身的发散与聚合思维进行设想与归纳。

2. 形态分析法的运用程序

在具体运用形态分析法进行设想时，应当先明确需要研究的主题对象，再对研究对象的基本因素进行分解与提取，从而形成若干基本组成部分，接着再按照研究对象所提取因素要求的功能，列出各因素全部可能的形态。最后，编制形态表，将各因素的不同形态方式进行组合，获得尽可能多的合理方案。主要步骤与内容如下。

第一，因素分析。对研究事物进行拆分，明确其中的结构与组成因素。对组成因素的确定是运用形态分析法的基本前提，决定着事物创新的方向和路径。在对组成因素进行拆分和罗列时，需要注意以下几个方面：一是各因素在逻辑上彼此独立；二是在本质上是重要的；三是在数量上是全面的。要满足这些要求，一方面要参考与创造对象同类别的其他因素的所有技术系统，了解之间的共同点和影响最终方案的重要因素；另一方面要与可行的方案联系起来理解因素的本质及重要性。这就要求必须预想到在性质上经过聚合所形成的全部方案的粗略结构，这一过程需要丰富的经验和创造性的发挥。如果确定的因素彼此包含或不重要，就会影响最终综合方案的质量和数量，为评选工作带来困难。如果确定的因素不全面，忽略了某些重要因素，则会导致有价值的创造性设想被遗漏。

第二，形态分析，即按照创造对象对因素所要求的功能属性，列出因素可能的全部形态（技术手段）。这一步需要发散思维，尽可能列出多种满足功能要求的技术手段。

第三，方案综合。在因素分析和形态分析的基础上，可以采取形态学矩阵综合表的形式进行方案综合（表 2-1）。由表 2-1 可见，若因素为 A、B、C 对应的形态数量分别为 3、5、4，则理论上可综合出 $3 \times 5 \times 4 = 60$ 个方案。如 A_1-B_2-C_3 为一组方案。在整体方案中，既包含有意义的方案，又包含无意义的虚假方案。

表 2-1　形态学矩阵 [①]

因素	形态				
A	A_1	A_2	A_3		
B	B_1	B_2	B_3	B_4	B_5
C	C_1	C_2	C_3	C_4	

第四，方案评选。由于系统综合所得的可行方案数往往很大，所以要进行评选，以找出最佳的可行方案。评选时先要制定选优标准，一般用新颖性、先进性和实用性这三条标准进行初评，再用技术经济指标进行综合评价，好中选优。

三、联想类比法

联想类比法是指由某一事物的触发而引起和该事物在性质上或形态上相似事物的联想，它通过将不同领域、不同事物的特性相互联系，从而激发创意，形成解决问题的新思路。这种方法基于人类大脑的联想功能，通过比较发现事物之间的内在联系，进而创造出新的想法或解决方案。具体而言，这两种设想方法又可以细分出不同的类型。

（一）联想法

1. 相似联想

相似联想是一种心理过程，指的是由一个事物或概念想到另一个与之相似的

---

① 王晖. 机械产品创新设计与 3D 打印 [M]. 北京：机械工业出版社，2021：22.

事物或概念。这种联想基于事物之间的相似性，可以是形状、颜色、声音、意义等方面的相似。相似联想是创造性思维和解决问题的重要方式之一，也是学习过程中记忆和理解的基石。

在相似联想的展开过程中，较为浅层的相似联想是将两个外形相似的事物联系在一起，这是一种常见现象。而将两个表层无联系、本质却有着共通之处的事物联想到一起，则是一种更深层次的相似联想，这种联想通常能够将创新思维发散到跨度更大的不同领域，进而形成更多跨领域的创新事物。例如，传统的金属轧制方法是两轧辊反向同速转动，板材一次成型。由于一次压下量过大，钢板在轧制过程中极易产生裂纹。一名技术员看到用擀面杖擀面时连续渐进、逐渐擀薄的过程产生联想，发明了行星轧辊，将金属的延展分为多次进行，消除了钢材产生裂纹的现象，并取得了相关专利。

2. 接近联想

接近联想，是指由某一事物或现象想到在时间和空间上相接近的事物或现象的联想方式。这种联想基于事物之间的关联性，当人们在感知或思考某一事物时，与之在时间和空间上相近的其他事物会自然地浮现在脑海中。除了时间和空间，这种接近联想还可能发生在功能、结构、经验等方面相接近的事物之间。例如，美国发明家乔治·威斯汀豪斯一直希望寻求一种同时作用于整列火车车轮的制动装置。当他看到在挖掘隧道时，驱动风钻的压缩空气是用橡胶软管从数百米之外的空气压缩站送来的，他运用接近联想，发明了现代火车的气动制动装置。

3. 对比联想

在客观世界中，对比是最常见的一种现象，当人们在接触或感知某一种事物时，会自然地从对立面想到另一种事物。这种由某一事物或现象想到与之相反或对立的事物或现象的联想过程就叫作对比联想。对比联想基于事物之间的对比关系，能够反映出事物间共性与个性的和谐统一，即事物在某种共同特性中显示出较大的差异，从而形成强烈的对比，包括色彩、高度、温度、方位、数量、质感、距离、状态等方面。这种联想不仅能帮助人们理解和区分事物的不同特征，还能激发新的思考。对比联想与创新创意设计也存在联系性，对比联想通常能够从事物的对立面进行思考，具有较强的差异性和对立性，能够促进思维打破常规，朝着更多样的角度发散，进而催生出更多富有创意的设想。例如，吸尘器的前身除尘器在使用的过程中只能除尘，而英国人胡伯特·布斯运用对比联想，通过一系列改进，将其转化为能够吸尘的负压吸尘器。在旋转式真空泵中，当偏心转子朝某一方向转动时，一端吸入空气，则成为旋转式真空泵；另一端排出空气，则成为旋转式压缩机。

4. 强制联想

强制联想是指在针对某一事物或方案进行联想时，将看似不相关或无关的事物、概念或想法联系起来，以产生新的想法。一般而言，这种联想方式常常发生在两个或多个既无相似性、接近性，也无对比性的事物之间，是一种具有强制性、非逻辑性、随机性和开放性的联想方式。例如，传统手表的主要功能是记录时间，但将其与电话、手机等其他类型的设备进行强制性联想后，就可以设计出具有多种功能的智能手表。

（二）类比法

类比法的展开主要是通过比较展开的，具体是通过比较两个或多个在某些方面相似的事物，来推断它们在其他方面可能存在的相似性。这种方法在逻辑学、科学、教育、文学和日常生活中都有广泛的应用。在运用类比法进行创新时，联想者需要先找到类比事物之间的共性，再在此基础上分析二者存在的差异，做到共性与个性兼顾。同时，类比法还要求联想者灵活地应用自身的知识储备，但要避免受到已有知识的影响。

1. 拟人类比

拟人类比是指在进行类比的过程中，将人类的特质、情感、意图或行为赋予非人类实体，如动物、植物、自然现象、机器或抽象概念。这种类比方式将人作为研究对象的类比参考对象，并从中获得一定的创造性灵感。拟人类比展开的过程中，常常会赋予研究对象一定的情感，使其拟人化，并将其看作一种有生命的事物，从而悟出某些无法感知的因素。例如，由软银集团研发的人形机器人Pepper拥有面部表情和声音识别能力，可以理解人类情感并与人互动。

2. 直接类比

直接类比是一种问题解决和创造性思维的技术，它基于两个研究对象或情境之间的相似性，将一个已知对象或情境（源情境）的解决方案直接应用到另一个类似但可能不那么熟悉的对象或情境（目标情境）中。直接类比的关键在于找到两个情境之间的紧密对应关系，并假设这些对应关系足够强大，以至于一个情境的解决方案可以有效地迁移到另一个情境。例如，瑞士著名科学家雅克·皮卡德在研究海洋深潜器的过程中发现，海水和空气是相似的流体，并将二者作为直接类比的对象，借用具有浮力的平流层气球的结构特点，在深潜器上加一只浮筒，在其中充满轻于海水的汽油，使深潜器借助浮筒的浮力和压舱的铁砂可以在深海中自由行动。

3. 象征类比

象征类比是指借助事物的形象和象征符号来比喻某种抽象的概念或思维感情。象征类比通过直觉感知事物，并使之关键显现，或对其进行简化。一些高端手表品牌会将月相显示融入表盘设计，这不仅是对天文学的致敬，也是时间流逝的诗意象征。

4. 因果类比

因果类比是围绕具有前后因果关系的事物进行的推断联想，其主要基于两个或多个对象之间已知的因果关系，来推断它们在其他方面可能存在的相似因果关系。因果类比需要研究者有较强的联想能力，且能够快速找到事物的本质。例如，超声波清洗机的工作原理是利用高频振动产生空化效应来清除物体表面的污垢。这一过程类似于海洋生物使用声波进行通信或定位，虽然实际用途不同，但都是利用声波能量的作用。

（三）仿生法

仿生法是一种以自然界动植物为灵感来源对象，用于产品设计与制造的创新创意方法。自然界中各种各样的动植物，在数万年的演变中形成了复杂而又科学的结构和性质。对这些生物结构、功能与性质进行分析与借鉴，并将其用于新产品的构想与设计中，能够创造出更多富有新意与价值的产品。

1. 原理仿生法

原理仿生法是一种生物启发式的设计方法，通过模仿自然界中生物体的结构、功能、行为或系统来解决工程和技术问题。这种方法基于这样一个理念：经过亿万年的进化，自然界的生物已经发展出高效且适应性强的解决方案，这些方案可以为机械产品设计的技术创新提供灵感。例如，人们模仿青蛙的眼睛，发明了电子蛙眼，使机场的指挥人员能更加准确地指挥飞机降落；人们仿照蜂巢的结构，用各种材料制成结构强度大、重量轻、不易传导声和热的蜂巢式夹层结构板，是建筑及制造航天飞机、宇宙飞船、人造卫星等的理想材料。

2. 结构仿生法

模仿生物结构取得创新成果的方法称为结构仿生法。这种方法利用了自然选择过程中优化过的结构特性，这些特性往往具有高度的适应性、强度和效率。通过研究这些结构并将其原理应用于技术，可以创造出性能更优的机械产品。比如，人们根据昆虫的腿部能够在承受较大的力量的同时保持灵活性的特点，改进了小型机器人和假肢的设计。

3. 外形仿生法

研究模仿生物外部形状的创造方法称为外形仿生法。它主要指模仿自然界中生物体的外观和形态特征，创造出既美观又功能强的产品设计。这种设计方法不仅追求美学上的吸引力，还试图通过模仿自然界的形态来实现特定的功能优势或情感联系。例如，有些挖掘机的铲斗设计参考了动物（如蚂蚁）的颚部结构，以增强挖掘效率和耐用性。

4. 信息仿生法

信息仿生法主要是指针对生物的感官和信息存储、处理与传递的创新设计方式，是一种研究与模拟感觉器官、神经元与神经网络以及高级中枢的智能活动等方面生物体中的信息处理过程。例如，受动物嗅觉系统的启发，人们开发了能够识别和分析气味的电子设备。这些设备可用于食品安全、环境监测等领域。

5. 拟人仿生法

拟人仿生法是指通过模仿人体结构功能进行创造的方法。人体本身就是一台包罗万象的最精密的超级机器。人类对人体各部位、器官、组织的结构机理和机能等都有较深刻的研究和了解，应该说，人类最了解的莫过于自身，所以拟人仿生法的研究素材丰富，发展潜力巨大，应用广泛。例如，Lifeward 提供的医疗康复外骨骼，可帮助脊髓损伤患者重新站立行走，提高他们的生活质量。

（四）综摄法

综摄法又称类比思考法、类比创新法、提喻法、比拟法、分合法、举隅法、集思法、群辨法、强行结合法、科学创造法，是由美国麻省理工学院教授威廉·戈登于1944年提出的一种利用外部事物启发思考、开发创造潜力的方法。综摄法的核心在于类比，它通过小组讨论的形式将互不相连的事物通过直接类比、拟人类比、矛盾压缩等步骤加以整合，激发思考者运用直觉、灵感和潜意识，并通过异质同化和同质异化，产生新的类比概念，获得对概念的新认识，求得解决问题的新方法。

在使用综摄法的过程中，最关键的就是异质同化和同质异化的过程，这是产生新的设想的关键步骤。异质同化的过程就是变陌生为熟悉的过程。在这一过程中，联想者需要将自己对熟悉事物的已有经验和知识应用到陌生事物中，从而快速了解新接触的事物，最终提出创新创意方案。同质异化的过程就是变熟悉为陌生的过程。在这一过程中，联想者需要从一个新的视角去看待原有的熟悉事物或问题，运用新知识进行观察和研究，以达到摆脱陈旧固定看法，产生新的创造性设想的目的，是一种突破思维定式的创新思考方式。

四、转向创新法

（一）变换方向法

变换方向法是指人们在根据原有设想进行创新实践时，有时会发现一些原有设想无法在实践活动中有效执行，因此转换方向，从不同的角度来探索和解决问题，以激发新的创意和设计方案。具体而言，变换方向法可分为变元和变理两种方式。

1. 变元法

变元法，就是一种将传统研究中的自变量转换为变量的新研究过程。在传统研究中，人们在针对某一事物或问题进行创新研究时，事物构成要素中的一部分保持不变（即作为自变量），同时将另一些元素进行适当改变（即作为变量）展开研究。这一研究方式能够有效探求出变量因素对整个研究项目的影响，但有的时候，对整体产生影响的是保持固定的自变量，而由于人们在研究时为其赋予的固定属性，导致无法认识到自变量具有的影响作用。对此，及时转换思维方式，将保持不变的常量作为变量看待，能够有效地发现问题，探求问题的解决方案，这一方法就是变元法。比如，压缩机、泵等流体机械设备的叶轮形状、叶片数目等参数可通过变元法进行优化，以改善功能。

2. 变理法

变理法同样也是一种与传统相对应的思维方式，指在针对某一事物进行创新设计时，改变原有的设计理念或原理，以探索新的设计思路和解决方案。在创新设计的过程中，不同事物之间都有着不同的基本工作原理，当利用某一事物或产品的原理进行创意设计而没有效果时，可以适当转换方向，或使用其他事物，或尝试借鉴该事物的其他原理，从而发现新的创意和可能性。例如，在机械表的设计中，通过擒纵调速机构调整表的走时速度，擒纵调速机构中摆轮和游丝所构成的质量弹簧系统的摆动频率成为机械表的时间基准。但在实际使用中，这个由摆轮和游丝共同构成的钟表往往会受到温度高低、重力大小、光滑程度等因素的影响，而石英晶体振荡器电路以极高的频率稳定性满足了对计时精度的要求。因此，人们借助石英创造出了具有更高计时精度的石英电子表。

（二）逆向法

逆向法又称逆向思维法，主要是指在创新创意的过程中从事物的反面去思考问题，使问题获得创造性地解决。该方法可以帮助人们突破常规思维的局限，发现新的可能性和解决方案。

1. 反向探求法

反向探求法从问题的最终目标或结果出发，逆向分析达成该目标所需的步骤和条件，从而找到解决问题的新方法。在机械产品创新设计中，这种方法帮助设计师跳出传统思维框架，探索实现功能的不同路径。例如，为了提高某机械装置的效率，设计师可以从理想状态开始思考：一个完美的高效系统应该具备哪些特性？然后逐步回溯，确定实现这些特性的必要技术和材料。

应用反向探求法时，设计师首先要定义产品的终极性能指标，接着识别出当前设计中的限制因素，并设想如何克服这些障碍。这种思维方式有助于揭示潜在的技术瓶颈和创新机会，推动开发出更先进、更优化的产品。比如，在设计一款新型节能发动机时，可以设定零排放为终极目标，然后倒推需要解决的关键技术难题，如燃料利用效率、废气处理等。反向探求法强调以终为始的策略性思考，不仅促进了技术创新，还提高了产品在整个生命周期中的可持续性和竞争力，对于推动机械产品领域的革新具有重要意义。

2. 因果颠倒法

因果颠倒法通过反转传统思维中的因果关系来激发新的创意。在机械产品创新设计中，这种方法鼓励设计师重新审视现有的技术或产品的工作原理，将通常被视为"因"的因素视为"果"，反之亦然。这种逆向思考可以帮助发现隐藏的潜在问题，并提出全新的解决方案。例如，在传统的泵设计中，电机驱动泵输送液体是常见的因果关系（电机转动是因，液体流动是果）。采用因果颠倒法，可以设想一种新机制：利用液体流动产生的能量来驱动电机（液体流动为因，电机转动为果）。这样的思路转变可能启发设计者开发出能够回收能量的新型泵系统，实现能源的再利用。

通过因果颠倒法，设计师能够打破常规，探索未被充分利用的技术潜力，不仅有助于发现现有产品的改进点，还能推动全新概念和技术的发展。在实际应用中，因果颠倒法要求设计师具备开放的心态和跨学科的知识背景，以确保所提出的创新方案既具可行性又具有实际价值。

3. 顺序、位置颠倒法

人们在长期从事某些活动的过程中，会对解决某类问题的过程及过程中各种因素的顺序，及事物中各要素之间的相对位置关系形成固定的认知。如果将某些已被人们普遍接受的事物顺序或事物中各要素之间的相对位置关系颠倒，有时可以收到意想不到的效果。在适当的条件下，这种新方法可能解决常规方法不能解决的问题。在机械产品创新设计中，这种思维可以提高产品的性能、效率以及用户体验。例如，在传统装配线中，零部件通常按照固定的顺序进行组装。采用顺序颠倒法，可以重新安排组装步骤，以简化工艺流程，提高生产效率，降低制造成本。

通过顺序、位置颠倒法，设计师能够发现现有机械产品设计中的局限性，并提出改进方案。运用这种方法要求设计师深入理解每个组件的功能及其相互作用，以便有效地重新配置。此外，还需要结合仿真分析和原型测试来验证新设计的有效性和可行性。

4. 巧用缺点法

人们在认识事物时，通常将事物中带来好结果的属性称为优点，将带来坏结果的属性称为缺点。一般人们会较多地注意事物的优点，但是当应用条件发生变化时，可能需要的正是事物中原来被认为是缺点的某些属性。正确地认识事物的属性与应用条件的关系，善于利用通常被认为是缺点的属性，有时可以做出创造性的成果。例如在机械设计领域，为了减小摩擦力，通常将产生摩擦的表面加工得尽量光滑，但是减小零件表面粗糙度只会增加加工费用。于是，有人尝试在摩擦表面上打孔，经过试验证明，在特定的条件下，表面的摩擦力反倒比光滑表面的摩擦力更小。有人将这一设计思路应用于飞机的设计，减少了机身附近空气的湍流，降低了空气阻力，节油效果非常明显。

五、组合创新法

组合创新法是指按照一定的技术原理，通过将两个或多个功能元素合并，从而形成一种具有新功能的新产品、新工艺或新材料的创新方法。人类在数千年的发展历程中积累了大量的技术，这些技术在其被应用的领域中逐渐发展成熟，有些已经达到相当完善的程度。为实现某些新的功能，将这些成熟的技术进行重新组合，形成新的功能元素，如能满足某种社会需求，将是一种成功率极高的创新。由于形成组合的技术要素比较成熟，应用组合法从事创新活动在一开始就站在了较高的起点上，不需要花费较多的人力和物力去开发专门的新技术，不要求发明者对所应用的每一种技术要素都具有高深的专业知识，所以应用组合创新法从事创新活动的难度相对较低，且有利于群众性的创造发明活动的广泛开展。

（一）功能组合法

功能组合法是指将多种功能组合为一体的创新设计方法。通过将不同功能或技术集成到单一机械产品中，以实现多功能性。这种方法鼓励设计师打破传统产品的单一功能限制，创造出能够执行多种任务的复合型设备。在机械产品创新设计中，功能组合法可以显著提升产品的实用性和市场竞争力。例如，在农业机械领域，传统的耕作、播种和施肥通常需要不同的设备完成。运用功能组合法，可以设计出多用途农业机械，集耕作、播种和施肥等多种功能于一体。这种设计不仅减少了农民的投资成本，还提高了作业效率。

功能组合法要求设计师深入了解各个功能的技术特点和用户需求，确保各功能之间的协调与兼容性。此外，还需要考虑整体系统的可靠性和维护便利性。通过合理的设计和优化，功能组合法能够推动机械产品向更加智能化、集成化方向发展，满足现代消费者对高效、多功能产品的需求。

（二）同类组合法

为了满足人们越来越高的要求，常常将同一种功能或结构在一种产品上重复组合，这就是同类组合法。在机械产品创新设计中，同类组合法也有显著的优势。例如，在工业自动化领域，传统的单臂机器人只能执行单一任务。通过同类组合法，可以设计出多臂协作机器人，每个机械臂负责不同的工序，共同完成一个复杂的工作流程。该设计不仅提高了生产效率，还增强了系统的灵活性和适应性。

同类组合法要求设计师深入了解各个组件的功能和技术特点，确保它们之间的协调与兼容性。通过合理的设计和优化，同类组合法能够推动机械产品向更加高效、多功能的方向发展，满足用户对综合解决方案的需求，还能提升产品的实用性，促进资源的有效利用和环境的可持续发展。

（三）异类组合法

异类组合法又称异物组合法，是指将两种或两种以上不同种类的事物组合，产生新事物的技法。这种技法是将研究对象的各种要素联系起来，在整体上把握事物的本质和规律，体现了综合就是创造的原理。例如，沙发床平时放在客厅或书房充当座椅，客人留宿时，展开沙发床，铺上被褥就是一张睡床。

异类组合还能把看起来风马牛不相及的东西组合在一起，并使组合体在功能或性能上发生变革。这种组合法不是异类事物的机械拼凑、简单相加，而应该获得 1+1 > 2 的新功效。具体组合形式有以下几种。

1. 结合

结合就是把服务于同一目标的几种有关事物集中或合并在一起而构成新的事物。比如铅笔与橡皮结合，便组成使用方便的橡皮头铅笔；学习台灯与钟表结合，组成方便的照明 - 计时两用灯；录像机与电视机组合成一体性的录像电视机不但节省占地，还可共用一些零部件；电灯与声控技术相结合，组成声控电灯；电话机和语音技术、录音技术相结合，就形成录音电话，都有新的功效。

2. 重组

重组是把事物或事物组的僵化或不合理的排列结构加以调整而产生创新功效。例如，服装设计在相当程度上就是各部位款式与面料、服饰、缝制工艺的重新组合，因而完全可以用计算机辅助设计快速重组；将同一间屋内的家具加以合理化地调整重组，也会产生很大的新意，甚至可以增加活动空间；将录音机的各个部件进行重组也能演变出新款式或新功效，这就像七巧板，重新组合可以构成多种新意。

3. 综合

综合就是把结合、重组、选组及其他组合方式整合起来，以获得全新的整体效应。例如，美国在 20 世纪六七十年代组织实施的载人登月工程，或称"阿波罗计划"，在当时是个崭新的事物，但如果把组成"阿波罗计划"的各项技术加以解剖、分解，不难发现其中并没有多少全新的东西。关键在于把各种技术巧妙地加以综合罢了。因而，综合法不应是简单地合并相加，而必须合理地组合匹配，才能取得充分的创新功效。

（四）材料组合法

材料组合法指在特定的条件下将不同材料进行组合，有效地利用各种材料的特性，使组合后的材料具有更理想的性能。这种方法能够充分利用各种材料的优点，克服单一材料的局限性，从而提高产品的耐用性和多功能性等性能。在机械产品创新设计中，材料组合法可以显著提升产品的竞争力和市场适应性。例如，在航空航天领域，复合材料如碳纤维增强塑料（CFRP）与金属合金的结合被广泛用于制作飞机构件。这种组合不仅减轻了重量，还提高了材料的强度和耐腐蚀性，从而提高了飞行效率和安全性。类似地，高性能跑车也常采用复合材料与铝合金的组合，以实现轻量化和高强度的目标。

材料组合法要求设计师深入了解每种材料的物理和化学特性，以及在特定应用环境下的表现，通过合理选择和优化材料组合，以开发出更加先进、高效且可靠的机械产品。这种方法不仅推动了技术的进步，还为解决复杂工程问题提供了新的思路。

第三章
3D 打印技术与设备概述

3D 打印技术是近年兴起的一项新技术，它可将计算机模型数据"打印"输出形成实物。与传统制造方式相比，3D 打印技术具有明显优势，它无须设计模具，不必引进生产流水线，且制作速度快，单个实物制作费用低。如今，3D 打印技术已被广泛应用于各行各业。基于此，本章对 3D 打印技术与设备展开论述。

第一节　3D 打印的概念与发展

一、3D 打印的概念

3D 打印技术并不是忽然诞生的新技术，该技术可追溯到 19 世纪末的美国，在 20 世纪 80 年代主要在模具加工业得到发展和推广，在国内叫作"快速成型"技术。随着信息技术和材料技术的进步，快速成型设备已能做到小型化，可供人们放在办公桌面上使用，其操作并不比传统的纸张激光打印机复杂，所以为了便于向普通民众推广此产品，小型化的快速成型设备被称为"3D 打印机"。虽然 3D 打印机兴起于近年，但此项技术实际上是"19 世纪的思想，20 世纪的技术，21 世纪的市场"。欧美国家正在重整制造业，此时传统制造方式已无任何优势，而新兴的 3D 打印技术成为欧美国家振兴制造业的新抓手。

3D 打印是增材制造的主要实现形式。"增材制造"区别于传统的"去除型"制造。传统机械制造是在原材料基础上，借助工装模具使用切削、磨削、腐蚀、熔融等办法去除多余部分得到最终零件，然后用装配拼装、焊接等方法组成最终产品。而"增材制造"无须毛坯和工装模具，就能直接根据计算机建模数据对原材料进行层层叠加，可生成任何形状的物体。

增材制造技术是由 CAD 模型直接驱动，快速制造任意复杂形状三维实体零件或模型的技术总称。其基本过程如下：首先在计算机中生成符合零件设计要求的三维 CAD 数字模型，然后根据工艺要求和一定的规律，将该模型在 Z 方向上离散为一系列有序的片层，通常在 Z 方向上将其按一定厚度进行分层，把原来的三维 CAD 模型变成一系列的层片。再根据每个层片的轮廓信息，输入加工参数，随即自动生成数控代码，最后由成型机喷头在 CNC 程序控制下沿轮廓路径做 2.5 轴运动，喷头经过的路径会形成新的材料层，上下相邻层片会自己黏结起来，最终得到一个三维物理实体。如此便把一个复杂的三维实体加工转化为众多二维层片的加工，显著降低了加工难度，这也被称为"降维制造"。

3D 打印技术，是以计算机三维设计模型为蓝本，通过软件分层离散和计算机数字控制系统，利用激光束、热熔喷嘴等方式将金属粉末、陶瓷粉末、塑料等特殊材料进行逐层堆积黏结，最终叠加成型，制造出实体产品。与传统制造业通过模具、车床等机械加工方式对原材料进行定型、切削并最终生产出成品不同，3D 打印技术将三维实体变为若干个二维平面，通过对材料处理并逐层叠加进行生产，显著弱化了制造的复杂性。这种数字化制造模式不需要复杂烦琐的制作工序、庞大的机床与丰富的人力资源，直接通过计算机图形数据便能够生成任意形状的零件，使生产制造的中间环节大为缩减。

3D 打印机和普通打印机的工作原理十分接近，只是打印材料存在区别。普通打印机的打印耗材是墨水（墨粉）和纸张，而 3D 打印机消耗的是金属、陶瓷、塑料等特殊的"打印材料"，是实实在在的原材料。打印机与计算机连接后，通过计算机控制可以把"打印材料"一层层地叠加起来，最终把计算机上的蓝图变成实物。通俗地说，3D 打印机是可以"打印"出真实 3D 物体的一种设备，比如打印一个机器人、玩具车、各种模型，甚至是食物或人体器官等。之所以通俗地称其为"打印机"，是参照了普通打印机的技术原理，因为分层加工的过程与普通打印十分相似。

桌面型 3D 打印机源于 2008 年英国 RepRap 开源项。RepRap 是 3D 桌面打印机发展的基石，直接催生了包括 Makerbot 在内的一大批廉价的普及型 3D 打印机，价格从几千到几万元人民币不等。当前，3D 打印技术主要面临着几个关键性问题：第一，相较于传统切削加工技术，3D 打印技术制作出来的产品在尺寸精度与表面质量之间保持着较大的差距。第二，尚未实现高效率的大批量规模化生产，无法全面满足工业领域的发展需求。第三，3D 打印技术的成本仍旧十分高昂，如基于金属粉末的打印成本远高于传统制造。可见，尽管 3D 打印技术是对传统制造技术的颠覆与发展，然而 3D 打印技术如今无法彻底取代切削、铸锻等传统制造技术。可以说，3D 打印技术与传统制造技术保持着一种互相支持、辅助的关系。[①]

二、3D 打印的发展历程

早在 1986 年，美国的 Charles W. Hull 发明了立体光固化成型（Stereo Lithography Apparatus，SLA）技术，利用紫外激光束照射将树脂凝固成型，以此来制造物体，并获得了专利。1987 年，Charles W. Hull 创立 3D Systems 公司，开始专注发展 3D 打印技术。1988 年，3D Systems 公司生产了第一台体型非常庞大的 3D 打印机 SLA-250。这台机器利用紫外激光束对光敏树脂进行逐层扫描和固化，最终形成所需的物品。从此拉开了 3D 打印的帷幕。

1988 年，Scottc Crump 发明了另外一种 3D 打印技术——熔融沉积成型（Fused Deposition Modeling，FDM）技术，利用蜡、丙烯腈 - 丁二烯 - 苯乙烯共聚物（ABS）、聚碳酸酯（PC）、尼龙等热塑性材料制作零件，随后成立了一家名为 Stratasys 的公司。

1989 年，C. R. Dechard 博士发明了激光选区烧结技术（Selective Laser Sintering，SLS），利用高强度激光将尼龙、蜡、ABS、金属和陶瓷等材料粉末烧结，直至成型。

1989 年，Electro Optical Systems（简称 EOS）公司成立，由 Dr. Hans Langer 和 Dr. Hans Steinbichler 合伙建立，他们合作发明了基于 SLS 和 SLA 的快速成型和增材制造技术。

1993 年，麻省理工学院教授 Emanual Sachs 发明了三维打印（Three Dimensional Printing，3DP）黏结成型技术，该技术将金属、陶瓷的粉末通过黏结剂黏在一起成型。

1994 年，瑞典 ARCAM 公司申请电子束熔化成型（Electron Beam Melting，

---

① 李博，张勇，刘谷川，等 . 3D 打印技术 [M]. 北京：中国轻工业出版社，2017：3.

EBM）技术的专利，第一次把电子束快速制造予以商业化发展，并在 2003 年推出了首代设备。此后美国麻省理工学院、美国航空航天局、北京航空制造工程研究所和我国清华大学均开发出了各自的基于电子束的快速制造系统。

1995 年，麻省理工学院的毕业生 Jim Bredt 和 Tim Anderson 修改了喷墨打印机方案，把墨水挤压在纸张上的解决方案变为将约束溶剂挤压到粉末床，随后他们创立了著名的 3D 打印公司 Z Corporation。1995 年，Z Corporation 获得麻省理工学院独家授权，并开始研发基于 3D 技术的打印机。

1984—1995 年，作为 3D 打印最核心的四个专利技术，SLA、SLS、FDM、3DP 陆续诞生，这也引发了越来越多的科研人员参与到 3D 打印技术的研发中，该行业因此迈向了初始发展期。随着 3D Systems、Stratasys、EOS 等企业相继建立，全球正式步入了 3D 打印商业化时代。

1996 年，3D Systems、Stratasys、Z Corporation 分别推出了型号为 Actua 2100、Genisys、2402 的三款 3D 打印机产品，此后快速制造便有了更加通俗的称呼——3D 打印。

1998 年，Optomec 公司成功发明 LENS 激光近净成型技术。

2001 年，Solido 公司开发出第一代桌面级 3D 打印机。同年，德国 Envision-TEC 公司发布了使用数字光处理技术（Digital Light Processing，DLP）的 Perfactory 系列 3D 打印机。

2003 年，EOS 公司开发直接金属激光烧结（Direct Metal Laser Sintering，DMLS）技术。

2005 年，Z Corporation 公司推出世界上第一台高精度彩色 3D 打印机 Spectrum Z510。

2008 年，第一款开源的桌面级 3D 打印机 RepRap 发布，其意图是开发一种具有自我复制功能的 3D 打印机。桌面级 3D 打印机的问世代表着 3D 打印普及化的开端。与此同时，Objet Geometries 公司发明了具有革命性意义的 Connex 500 快速成型系统，它是世界上第一台可以同时使用几种不同打印原料的 3D 打印机。

2010 年 12 月，Organovo 公司，一个注重生物打印技术的再生医学研究公司，首次公开利用生物打印技术打印完整血管的数据资源。

2011 年，Kor Ecologic 公司推出的全球第一辆 3D 打印汽车 Urbee 在加拿大温尼伯艺术画廊举行的展会上首次公开亮相。它是一款混合动力汽车，绝大多数零部件来自 3D 打印，所有外部组件也由 3D 打印制作完成。2011 年 7 月，英国研究人员开发出世界上第一台 3D 巧克力打印机。同时，Materialise 成为全球首家使用 14K 黄金、标准纯银材料进行 3D 打印的服务商，开启了 3D 打印技术应用在珠宝首饰商业领域的先河。

2012 年，英国著名经济学杂志《经济学人》声称 3D 打印将引发全球第三次工业革命。2012 年 3 月，维也纳大学的研究人员宣布利用双光子光刻技术（Two-Photon Lithography，TPL）突破了 3D 打印的最小极限，制造出一部不到 0.3 mm 的赛车模型。同时，苏格兰科学家利用人体细胞首次用 3D 打印机打印出人造肝脏组织。同年，美国建立国家增材制造创新研究院，Stratasys 公司和 Objet Geometries 公司完成行业内最大规模合并，美国通用电气公司收购 3D 打印服务商 Morris Technologies。

2012 年，中国 3D 打印技术产业联盟正式宣告成立。国内媒体开始大量报道 3D 打印相关的新闻。

2013 年，时任美国总统奥巴马发表国情咨文演讲，强调 3D 打印的重要性；耐克公司设计制造出第一款 3D 打印运动鞋；美国 Solid Concepts 公司设计制造出全球首支 3D 打印金属枪，这支枪成功发射了 50 发子弹，射击距离超过 27 m，与常规武器一样精准；3D Systems 公司完成对法国 3D 打印企业 Phenix Systems 公司的收购。

2015 年，3D Systems 收购无锡易维，创建"3D Systems 中国"；佳能、理光、东芝、欧特克、微软和苹果公司纷纷涉足 3D 打印市场；惠普公布了其开发的多射流熔融（Multi Jet Fusion，MJF）3D 打印技术；Materialise 开始为空客 A340 XWB 飞机供应 3D 打印部件。2015 年 3 月，美国 Carbon 公司（原名 Carbon 3D）开发出一种革命性 3D 打印技术——连续液体界面制造技术（Continuous Liquid Interface Production，CLIP），其打印速度比传统 3D 打印技术快 25 ～ 100 倍，而且能够制造出以往无法实现的超复杂几何结构形状，显著地促进了 3D 打印技术的应用。2015 年 2 月，国家发展和改革委员会联合工信部和财政部发布的《国家增材制造产业发展推进计划（2015—2016 年）》提出，到 2016 年初步建立较为完善的增材制造产业体系，整体技术水平保持与国际同步，在航空航天等直接制造领域达到国际先进水平，在国际市场上占有较大的份额。

2016 年，GE 收购两大 3D 打印巨头 Concept Laser 和 Ar Cam；以色列 XJet 公司发布纳米颗粒喷射成型金属打印设备；哈佛大学研发出 3D 打印肾小管；Carbon 3D 推出首款基于 CLIP 技术的 3D 打印机；医疗行业巨头强生与 Carbon 3D 合作进军 3D 打印手术器械市场；研究公司 CONTEXT 宣布 3D 打印机的全球出货量为 21 万台。

2017 年，西京医院成功实施了世界首例利用新型聚醚醚酮（PEEK）材料的乳房重建手术。这种新型材料与钛合金材料相比有质的改变，该手术标志着 3D 打印 PEEK 材料首次进入临床应用。5 月，有研究人员使用了一种凝胶物质 3D 打印出卵巢，取代母鼠的天然卵巢，并用足够长的时间来使母鼠排卵、受孕和分娩。最终母鼠成功分娩出健康小鼠，这意味着 3D 打印技术具有解决妇女不育问题的可能性。

3D 打印鞋业市场逐渐发展，2017 年阿迪达斯宣布推出全球首款可量产的 3D 打印运动鞋，该鞋的鞋底采用 3D 打印技术生成。另一运动服装巨头耐克则与 Prodways 建立合作关系，运用 Prodways 的专利技术和 TPU 材料创造出功能更加多样的运动鞋，并投入丰厚的资金用于 3D 打印技术制鞋。国产品牌匹克在 2017 年也推出了中国第一款面向市场销售的 3D 打印跑鞋，仅仅一个月后便推出了 2.0 版本。

2018 年，美国明尼苏达大学的研究团队首次在半球面上完全由 3D 打印制造出光接收器阵列。这项发明标志着朝着创造"仿生眼"的目标迈出了重要的一步。有朝一日，这种"仿生眼"将帮助盲人复明或者提高正常人的视力。2018 年 5 月，载有众多 3D 打印零部件的嫦娥四号中继卫星发射成功，这标志着我国 3D 打印技术和产品首次实现飞行验证，首次获得在轨应用，具有重要的里程碑意义。9 月，西门子公司制造的世界上第一台用于工业燃气轮机的 3D 打印燃烧室已成功运行一年，没有出现任何问题，证明了 3D 打印高温零部件的可靠性。10 月，GE 航空集团成功生产超过 3 万个 3D 打印的燃油喷嘴，将用于商用喷气式飞机的涡轮风扇发动机，如波音 737 等，这意味着增材制造已在批量生产中发挥作用。11 月，美国将 3D 打印列为限制性出口技术；同月，中国将其列为战略性新兴产业。

经过数十年的探索与发展，3D 打印技术在制造业领域展现出的鲜明优势更加凸显出该技术的价值。作为第三次工业革命重要的技术类型，3D 打印技术必然会愈发成熟，与此同时，它将在更多行业中得到良好运用。[1]

---

① 王迪，杨永强 . 3D 打印技术与应用 [M]. 广州：华南理工大学出版社，2020：7.

第二节　3D 打印技术的优势与局限

3D 打印技术在近些年的快速发展中，应用越来越广泛，其成型方式在应用中呈现了独特性。在如今的技术背景下，相较于传统生产制造方式，3D 打印技术既存在着明显的优势，也表现出一定的局限性。

一、3D 打印技术的优势

（一）制造成本方面的优势

1. 生产周期短，节约成本

3D 打印技术在有 3D 数字模型的条件下，可直接制造实体零件，无须制造模具和试模等传统制造工艺的试制流程，大大缩短了生产周期，也节约了制模成本。

2. 制造复杂零件不增加成本

对 3D 打印技术而言，制造形状复杂的物体仅是数字模型的不同，和制造形状简单物体并不存在显著差异，也不会额外消耗更多的时间成本、材料成本，而一个形状复杂的实体模具制作相当耗时费力，有的甚至无法制成。3D 打印制造复杂零件的方法若能和传统制造方式达到同样的精度和实用性，将会对产品价格带来很大的影响。

3. 产品容易实现多样化

同一台 3D 打印设备按照不同的数字模型使用相同的材料，能够制造出多个形状各异的物体。传统制造设备功能相对单一，可以制造出的形状类型有限，同时成本也相对高昂。

（二）产品设计与制造方面的优势

1. 实现个性化产品定制

从理论上讲，只要计算机建模设计出造型，3D打印机都可以打印出来。人们可以根据需要对模型进行个性化的修改，实现复杂产品、个性化产品的生产。个性化3D打印产品在医学领域的应用显得尤为重要和适宜，通过3D打印可制造符合患者需求的假牙、人造骨骼和义肢等。

2. 产品无须组装，一体化成型

3D打印可以使部件一体化成型，不需要各个零件单独制造后再进行组装，有效地压缩了生产流程，减少了劳动力的使用和对装配技术的依赖，节省了大量制造成本。而传统生产方式中，产品是经流水线逐步生产并组装而成的，部件越多，组装和运输耗费的时间和成本也就越多。

3. 突破设计局限

传统制造受到生产工具与制造工艺的制约，设计师无法随心所欲地设计出理想中的产品。3D打印技术则打破了这一限制，能够十分轻松地将设计师的各种设计想法转化为现实，有效拓展了设计与制造的空间。

（三）生产过程方面的优势

1. 制作技能门槛低

在3D打印过程中，计算机对制作的各个环节予以精准控制，对操作人员技能的要求明显降低，不再需要人为控制产品的精度、质量与生产进度，创造了非技能制造的新商业模式，并能在远程环境或极端情况下为人们提供新的生产方式。

2. 废弃副产品较少

3D打印制造的副产品较少。尤其是在金属制造领域，传统金属加工过程浪费量较大，而3D打印进行金属加工时浪费量很小，节能环保。

3. 精确的产品复制

3D打印依托数字模型生产产品，在批量产品的精度控制方面是基于模型数据，因而可以精确地创建副本。

4. 材料无限组合

传统制造在切割或模具成型过程中，不能轻易地将不同原材料结合成单一产品。而 3D 打印技术可将以前无法混合的原材料混合成新的材料，这些材料种类繁多，甚至可以赋予不同的颜色，具有独特的属性和功能。

二、3D 打印技术的局限

虽然 3D 打印技术表现出许多鲜明优势，但仍存在着很多尚未解决的技术难题，在产品精度、实用性等方面还有待提高。总的来说，3D 打印技术的局限性主要表现在以下几个方面。

（一）制造精度方面的局限

3D 打印技术的成型原理是层层堆叠成型，这使产品表面普遍存在台阶效应。尽管不同方式的 3D 打印技术（如选择性激光烧结技术）已尽力降低台阶效应对产品表面质量的影响，但效果并不尽如人意。分层厚度虽然已被分解得非常薄，但是仍会形成"台阶"。对表面是圆弧形的产品来说，精度的偏差是无法避免的。

目前，很多 3D 打印方式都需要进行二次强化处理，如二次固化、打磨等，其对产品施加的压力或温度会造成产品材料的形变，进一步造成精度降低。

（二）产品性能方面的局限

层层堆叠成型的方式，使得层与层之间的结合强度无法与整体成型产品的强度相匹敌，在一定的外力作用下，打印的产品很容易解体，尤其是层与层之间的衔接处。

当下的 3D 打印技术由于受到原材料的制约，其制造的产品在硬度、强度等性能与实用性方面相较传统制造加工产品略显逊色。这一点在民用领域应用中表现得十分突出，其产品多作为产品原型或验证设计模型来使用，作为功能部件使用略显勉强。

（三）材料方面的局限

如今可供 3D 打印机使用的材料类型在持续增加，然而由于需求量巨大，材料种类还是偏少。尽管一些材料能够在 3D 打印机上使用，然而其产品的功能性是未知的。

此外，由于 3D 打印加工方式的特殊性，很多材料在使用前需处理成专用材料（如金属粉末），这使得打印的产品在质量上与传统加工产品有一定的差距，进而对产品的性能产生不良影响。一些3D打印产品的表面质量不佳，需要进行二次加工等处理后才可以使用。对于表面复杂的 3D 打印产品，很难去掉支撑材料，也会在一定程度上影响产品的质量与应用。[①]

第三节　3D 打印技术的常用材料

一、高分子聚合物材料

（一）工程塑料

工程塑料是指被用作工业零件或外壳材料的工业用塑料，具有强度高、耐冲击性、耐热性、硬度高及抗老化性等优点，正常变形温度可以超过 90 ℃，可进行机械加工（钻孔、攻螺纹）、喷漆及电镀。工程塑料是当前应用最广泛的一类 3D 打印材料，常见的有丙烯腈 - 丁二烯 - 苯乙烯共聚物（ABS）、聚碳酸酯（PC）、聚苯砜（PPSU）、聚醚醚酮（PEEK）、聚酰胺（PA）等。

1. ABS

ABS 是目前产量最大、应用最广泛的聚合物。它将聚苯乙烯（PS）、苯乙烯- 丙烯腈共聚物（SAN）、丁二烯 - 苯乙烯聚合物（BS）的各种性能有机地统一起来，兼有韧、硬、刚的特性。ABS 是丙烯腈、丁二烯和苯乙烯的三元共聚物，A 代表丙烯腈，B 代表丁二烯，S 代表苯乙烯。

ABS 的热熔性与冲击强度都十分优越，是熔融沉积成型工艺优先选择的工程塑料。ABS 通常不透明，目前主要将其预制成丝或粉末后使用。ABS 的颜色

---

① 陈吉祥，王基维. 快速制造（3D 打印）项目应用 [M]. 北京：机械工业出版社，2020：9.

类型繁多，包括象牙白、白色、黑色、深灰色、红色、蓝色、玫瑰红色等，它无毒、无味，有极好的冲击强度，尺寸稳定性好，电性能、耐磨性、抗化学药品性、染色性优良。ABS 的应用范围几乎涵盖所有日用品、工程用品和部分机械用品。

2. 聚碳酸酯（PC）

PC 算得上是一种真正意义上的热塑性材料，其具备工程塑料的所有特性：高强度、耐高温、抗冲击、抗弯曲，可以作为最终零部件使用。使用 PC 材料制作的产品可以直接装配使用，常应用于汽车及家电行业。PC 材料的颜色极其单一，仅有白色，然而其强度十分良好，高出 ABS 材料 60%，展现出优良的工程材料属性。

PC 的三大应用领域是玻璃行业、汽车工业和电子电器工业，也应用于工业机械零件、运动器材、医疗器械、薄膜、防护器材等。PC 材料可用作门窗玻璃，PC 层压板广泛用于银行等公共场所的防护窗及飞机舱罩、照明设备等。

3. 聚苯砜（PPSU）

PPSU，俗称聚纤维酯，是所有热塑性材料中强度最高、耐热性最好、抗腐蚀性最优的材料，广泛用于航空航天、交通工具及医疗行业。通常作为最终零部件使用。

PPSU 具备十分良好的耐热性、强韧性与耐化学品性，其性能在各种 3D 打印工程塑料中显得十分优越。通过碳纤维、石墨的复合处理，PPSU 能够表现出很高的强度，可用于 3D 打印制造负荷较大的制品，成为替代金属、陶瓷的首选材料。

4. 聚醚醚酮（PEEK）

PEEK 是一种具有耐高温、自润滑、易加工和高强度等优异性能的特种工程塑料，可用于航空航天、核工程和高端机械制造等高技术领域，可加工制造成各种机械零部件，如汽车零部件、飞机发动机零部件、自动洗衣机转轮、医疗器械零部件等。

PEEK 具有优异的耐磨性、生物相容性、化学稳定性以及杨氏模量最接近人骨等优点，是理想的人工骨替换材料，适合长期植入人体。基于熔融沉积成型原理的 3D 打印技术具有良好的安全性能，十分便捷，无须使用激光器，并且后处理较为简单，将其和 PEEK 材料结合能够制造出仿生人工骨。

5. 聚酰胺（PA）

聚酰胺俗称尼龙，它是大分子族链重复单元含有酰胺基团的高聚物的总称。

SLS 尼龙粉末材料具有质量轻、耐热、摩擦系数小、耐磨损等特点。粉末粒径小，制作模型精度高。烧结制件不需要特殊的后处理，便可具有较高的抗拉伸强度。在颜色方面的选择没有 ABS 那么多，但可以通过喷漆、浸染等方式进行颜色的变化。PA 材料热变形温度为 110 ℃，主要应用于汽车、家电、艺术设计及工业产品等领域。

PA 材料具有较高的强度，也具有一定的柔韧性，所以可以直接利用 3D 打印技术制造设备零部件。利用 3D 打印技术制造的 PA 碳纤维复合塑料树脂零件表现出很强的韧性。

（二）生物塑料

用于 3D 打印的生物塑料主要有聚乳酸（PLA）、聚对苯二甲酸乙二醇酯 -1，4- 环己烷二甲醇酯（PETG）、聚-3-羟基丁酸酯（PHB）、聚（3-羟基丁酸酯-co-3-羟基戊酸酯）（PHBV）、聚丁二酸丁二醇酯（PBS）、聚己内酯（PCL）等，具有良好的生物可降解性，也可用于医疗领域。

1. 聚乳酸（PLA）

PLA 是一种新型的生物降解材料，使用从可再生的植物资源（如玉米）提取的淀粉原料制成。PLA 是一种强度高、无卷曲、收缩率极低（0.3%）的环保材料，堆肥可 100% 降解，最终生成二氧化碳和水，不会污染环境，成型性能卓越，热稳定性、光泽性及层与层之间的黏结性十分优良。PLA 的相容性、可降解性、力学性能和物理性能良好，利用熔融沉积成型工艺打印出来的样品成型好、不翘边、外观光滑。但是，它也存在不耐高温、抗冲击等机械性能不佳等缺陷。而且 PLA 是晶体，相变时会吸收喷头的热能，部分 PLA 可能使喷头堵塞。

2. 4- 环己烷二甲醇脂（PETG）

PETG 是一种透明塑料，是一种非晶型共聚酯，具有较好的透明度、耐化学性和抗应力白化能力，可很快热成型或挤出吹塑成型。黏度比丙烯酸（亚克力）高。其制品高度透明，抗冲击性能优异，特别适合 5 mm 以上厚壁透明件（如医疗透析器外壳）。PETG 在 3D 打印中广泛用于制造兼具强度、韧性和耐化学腐蚀性的功能性部件，例如机械零件、食品容器和医疗器械。

PETG 是以甘蔗和乙烯生产的生物基乙二醇为原料合成的生物基塑料。这种材料具有较好的热成型性能、韧性和耐候性，热成型周期短、温度低、成品率高。PETG 作为一种新型的 3D 打印材料，同时具备 PLA 和 ABS 的优势。在 3D 打印时，材料的收缩率很小，并且疏水性十分优良，不必贮存于密闭空间中。由于 PETG 的收缩率与温度都十分低，在打印过程中基本不会散发出气味，这也使 PETG 在 3D 打印领域的应用前景十分良好。

3. 聚己内酯（PCL）

PCL 具有良好的生物降解性和生物相容性，并且无毒性，被广泛用作医用生物降解材料及药物控制释放体系。

PCL 是一种可降解聚酯，熔点较低，只有 60 ℃左右，与大部分生物材料一样，常用于制成药物传输设备、缝合剂等。同时，PCL 还具有形状记忆性。在 3D 打印中，由于其熔点较低，不需要较高的打印温度，从而取得节能的效果。在医学领域，PCL 可以用于打印心脏支架。

（三）热固性塑料

热固性塑料以热固性树脂为主要成分，配合各种必要的添加剂，通过交联固化过程成型为制品。热固性树脂，如环氧树脂、不饱和聚酯、酚醛树脂、氨基树脂、聚氨酯树脂、有机硅树脂、芳杂环树脂等，具有强度高、耐火性强等特点，非常适合利用粉末激光烧结成型工艺加工。

热固性塑料第一次加热时可以软化流动，加热到一定温度会产生化学反应——交联反应而固化变硬，这种变化是不可逆的，再次加热时，热固性塑料已经不能再变软流动了。正是借助热固性塑料的这种特性进行成型加工，利用第一次加热时的塑化流动，在压力下充满型腔，进而固化成为确定形状和尺寸的制品。

（四）光敏树脂

光敏树脂，也被称为光固化树脂，是一种在光线照射下可以立刻产生物理与化学变化，进而交联固化的低聚物。光敏树脂由两大部分组成，即光引发剂和树脂（树脂由预聚物、稀释剂及少量助剂组成）。光引发剂受到一定波长（300 ～ 400 nm）的紫外光辐射时，吸收光能，由基态变为激发态，然后生成活性自由基，引发预聚物和活性单体进行聚合固化反应。

光敏复合树脂是目前口腔科运用得较多的充填、修复材料，由于它具备优良的色泽与一定的抗压强度，所以在临床应用中发挥着重要作用。

由于光敏树脂具有良好的液体流动性和瞬间光固化特性，液态光敏树脂成为高精度3D打印的首选材料。光敏树脂具备较快的固化速度，表干性能优异，成型后产品外观平滑，可呈现透明至半透明磨砂状，并且具有低气味、低刺激性的特点，非常适合用于个人桌面3D打印系统。

常见的光敏树脂有SOMOS 8000、SOMOS 19120、SOMOS 11122、SOMOS Next材料和环氧树脂。

1. SOMOS 8000

SOMOS 8000是一种低黏度液态光敏树脂，可以制作坚固的、具有防水功能的零件。用SOMOS 8000材料制作的零件呈不透明白色，类似于工程塑料。SOMOS 8000材料能提供类似于传统工程塑料（包括ABS和PBT等）的性能。它被应用于汽车、医疗器械和电子产品领域内的样品制作以及水流量分析、RTV模型、耐用概念模型、风管测试和快速铸造模型。

2. SOMOS 19120

SOMOS 19120为粉红色材质，是一种铸造专用材料。成型后直接代替精密铸造的蜡膜原型，避免开模具的风险，能缩短制造周期。其拥有灰烬残留量低和高精度等特点。

3.3SOMOS 11122

SOMOS 11122是半透明材质，与ABS十分接近。抛光后可以取得接近透明的视觉效果。这种材料在医学研究、工艺品制作与工业设计等领域得到了大量运用。

4. SOMOS Next

SOMOS Next的颜色呈白色，与PC十分接近，拥有良好的韧性、精度与表面质量，同时展现出光固化立体造型材料做工精美、尺寸精确与外观优美的优势，在汽车、家电与电子产品等领域得到了良好应用。

5. LY6002

LY6002是一种低黏度的液态树脂，主要应用于光固化成型3D打印制造，打印出的零件具备高韧性、高弹性、软触感等特性，与橡胶的性能十分接近。这种材料非常适用于橡胶包裹层和覆膜制造，生物医疗模型制造，封条、橡皮软管、鞋类模型制造等市场领域。

二、无机材料

（一）石膏材料

石膏材料是 3D 打印领域使用较为广泛的材料之一。材料本身是石膏基粉末，用黏结剂黏合在一起，同时用喷墨头嵌入。采用全彩砂岩制作而成的对象表现出较为鲜明的色彩，3D 打印出来的产品表面充满颗粒感，打印的纹路较为清晰，赋予了产品特殊的艺术效果。石膏的质地较脆，容易遭到损坏，并且不适合打印一些常年放置在室外或湿度很大环境中的产品。石膏材料是仅有的能够打印全彩色的材料，打印出的样品色彩艳丽，十分生动。

（二）陶瓷材料

陶瓷材料具有高强度、高硬度、耐高温、低密度、化学稳定性好、耐腐蚀等优异特性，在航空航天、汽车、生物等行业有着广泛的应用。3D 打印的陶瓷制品不透水、耐热（可达 600 ℃）、可回收、无毒，但强度不高，可作为理想的炊具、餐具、烛台、瓷砖、花瓶、艺术品等家居装饰材料。

选择性激光烧结陶瓷粉末是在陶瓷粉末中加入黏结剂，其覆膜粉末制备工艺与覆膜金属粉末类似，被包覆的陶瓷可以是 Al_2O_3、ZrO_2 和 SiC 等。黏结剂的种类很多，有金属黏结剂和塑料黏结剂（包括树脂、聚乙烯蜡、有机玻璃等），也可以使用无机黏结剂。

（三）橡胶类材料

橡胶类材料具备多种级别弹性材料的特征，这些材料所具备的硬度高、断裂伸长率高、抗撕裂强度高等优点，非常适用于有防滑或柔软表面要求的领域。3D 打印的橡胶制品主要用于电子产品、医疗设备以及汽车内饰、轮胎、垫片等。

（四）红蜡材料

红蜡材料的精度与表现力都十分卓越，使用该材料打印的模型具有精细的图案与光滑的表面。其适合打印精度要求高的小尺寸模型，也可用于快速铸造、珠宝首饰、微型医疗器械等领域。

三、金属材料

3D打印使用的金属粉末通常要求纯净度高、球形度好、粒径分布窄、氧含量低。目前，应用于3D打印的金属粉末材料主要有钛合金、钴铬合金、不锈钢和铝合金材料等，还有用于打印首饰用的金、银等贵金属粉末材料。金属3D打印材料的应用领域相当广泛，如石化工程、航空航天、汽车制造、注塑模具、轻金属合金铸造、食品加工、医疗、造纸、电力工业、珠宝、时装等。

目前，激光快速成型从原型制造至快速直接制造的重要趋势便是运用金属粉末实现快速成型，它能够使新产品的开发速度得到显著提升，拥有良好的应用前景。金属粉末的选区烧结方法中，常用的金属粉末有以下三种：①金属粉末和有机黏结剂的混合体，按一定比例将两种粉末混合均匀后进行激光烧结。②两种金属粉末的混合体，其中一种熔点较低，在激光烧结过程中起黏结剂的作用。③单一的金属粉末，对单元系烧结，尤其是高熔点的金属，在短时间内需达到熔融温度，需要使用功率较大的激光器。直接金属烧结成型最明显的缺陷是由于组织结构多孔造成制件密度低、机械性能差。

（一）黑色金属

1. 工具钢金属

工具钢的适用性源于其优异的硬度、耐磨性和抗形变能力，以及在高温下保持切削刃的能力。模具H13热作工具钢就是其中一种，能够承受不确定时间的工艺条件。

马氏体钢，以马氏体300为例，又称马氏体时效钢，在时效过程中的强度、韧性和尺寸稳定性都是显著的。由于具备高硬度和良好的耐磨性，马氏体300适用于许多模具的应用，如模具注塑、轻金属合金铸造、冲压和挤压等。同时，其广泛应用于高强度机身部件和赛车零部件的制造。

2. 不锈钢

不锈钢（Stainless Steel）是不锈耐酸钢的简称，耐空气、蒸汽、水等弱腐蚀介质或具有不锈性的钢种称为不锈钢；耐化学腐蚀介质（酸、碱、盐等化学浸蚀）腐蚀的钢种称为耐酸钢。由于不锈钢与耐酸钢的化学成分不同，造成其耐蚀性存在差异，普通不锈钢一般不耐化学介质腐蚀，耐酸钢则一般均具有不锈性。

奥氏体不锈钢 316L 具有高强度和耐腐蚀性，可应用于航空航天、石化等多种工程领域，也可被用于食品加工和医疗等领域。

马氏体不锈钢 15-5PH，又称马氏体时效（沉淀硬化）不锈钢，具有优越的强度、韧性、耐腐蚀性，而且可以进一步硬化，是无铁素体。目前，广泛应用于航空航天、石化、食品加工、造纸和金属加工领域。

马氏体不锈钢 17-4PH，在高温 315 ℃的环境下其强度与韧性仍非常优越，并且耐腐蚀性良好，在激光加工状态能够表现出很好的延展性。

不锈钢是价格最为低廉的金属打印材料，通过 3D 打印出的高强度不锈钢制品表面显得十分粗糙，并且有一些麻点。不锈钢具备各种不同的光面与磨砂面，常被用于珠宝、功能构件和小型雕刻品等的 3D 打印。

3. 高温合金

高温合金具有优异的高温强度，良好的抗氧化和耐热腐蚀性能，良好的疲劳性能、断裂韧性等综合性能，已成为燃气涡轮发动机热端部件不可替代的关键材料。

（二）合金材料

3D 打印领域应用最为广泛的金属粉末合金主要有钛合金、铝合金、镍基合金、钴铬合金、铜基合金等。

1. 钛合金

钛合金外观似钢，具有银灰光泽，是一种过渡金属。钛并不是稀有金属，钛在地壳中的丰度排第七，是铜、镍、铅、锌总量的 16 倍，含钛的矿物多达 70 多种。钛的强度大，密度小，硬度大，熔点高，耐蚀性很强。高纯度钛的可塑性十分优良，然而存在杂质的钛便显得脆而硬。

目前应用于市场的纯钛，又称商业纯钛，分为 1 级和 2 级粉体，2 级强于 1 级。由于纯钛 2 级的生物相容性非常优良，所以在医疗领域拥有良好的应用前景。

目前，应用于 3D 打印的钛合金主要是钛合金 5 级和钛合金 23 级，由于其优异的强度和韧性，结合耐腐蚀、低密度和生物相容性优良等特性，所以在航空航天和汽车制造中具有非常理想的应用。此外，因为其强度高、模量低、耐疲劳性强，常用于生产生物医学植入物。

采用 3D 打印技术制造的钛合金零部件，具有极高的强度，尺寸精准，可以制作的最小尺寸达到 1 mm，并且其机械性能优越。钛金属粉末材料在汽车、航空航天和国防工业领域都有广阔的应用前景。

2. 铝合金

目前，应用于金属 3D 打印的铝合金主要有铝硅 12 和镁铝合金两种。铝硅 12 是具有良好热性能的轻质增材制造金属粉末，可应用于薄壁零件，如换热器或其他汽车零部件，还可应用于航空航天及航空工业级的原型及生产零部件。镁铝合金因其质轻、强度高的优越性能，在制造业的轻量化需求中得到了大量应用。

3. 铜基合金

在市场上得到大量应用的铜基合金，也称青铜，拥有优良的导热性与导电性，能够结合设计自由度，产生复杂的内部结构与冷却通道，适合制造需实现高效冷却的模具镶块，如半导体器件，也可用于微型换热器，具有壁薄、形状复杂的特征。

（三）贵金属材料

3D 打印的产品在时尚界表现出越来越大的影响力。全球各地的设计师都十分热衷运用 3D 打印快速成型技术进行产品制造。在饰品 3D 打印领域，常用的金属材料有金、纯银、黄铜等。

四、复合材料

（一）碳纤维

碳纤维复合材料是一种新兴的 3D 打印材料，强度是钢的 5 倍，质量却只有其 1/3，且具有耐高温及耐腐蚀等优点。

美国硅谷 Arevo 实验室 3D 打印出了高强度碳纤维增强复合材料。与传统的挤出或注塑定型方法相比，3D 打印时借助对碳纤维取向的精准把控，优化特定力学、电与热性能，可以实现对其综合性能的严格设定。由于 3D 打印的复合材料零件一次只能制造一层，每一层可以通过控制得到所需的纤维取向。结合增强聚合物材料打印的复杂形状零部件具有出色的耐高温和耐腐蚀性能。

（二）氮化硼纳米管

氮化硼纳米管（BNNT）是一种新的、具有许多独特性能的高级纳米材料。

其质量超轻、力学性能超强，并且极其耐热。

　　BNNT 的结构、导热性和力学性能都类似于碳纳米管，但能承受 800 ℃的高温（是碳纳米管的两倍）。这是 BNNT 作为一种 3D 打印材料如此吸引人的原因。这种高耐热性意味着 BNNT 可以在金属基复合材料 3D 打印过程中熔化和液化粉末所涉及的极端高温下完整保存。

　　BNNT 能够被染成各种不同的颜色，也能够被设计为透明材料。BNNT 还能够在机械应力下形成电流，有优越的电绝缘性和化学稳定性，并且可以屏蔽紫外线和中子辐射。

　　实现 BNNT 在 3D 打印领域的广泛应用，对航空航天、国防、能源、汽车、健康等多个行业意义重大。[①]

第四节　3D 打印设备及其维护保养

一、熔融沉积制造设备及其维护

　　熔融沉积制造（Fused Deposition Modeling，FDM）也称熔融挤出成型。FDM 是将各种丝材加热熔化使其堆积成型的一种加工工艺，所使用的材料一般是热塑性材料，如 PLA、ABS、尼龙等，以丝状供料。

　　采用熔融沉积工艺制造模型时根据产品零件的截面轮廓信息，加热喷头在计算机的控制下作 X-Y 方向运动。丝状热塑性材料由供丝机构送进喷头，在喷头中加热至熔融态，然后被挤喷出来，选择性地涂覆在工作台上，并快速冷却固化形成一层薄片轮廓。一层轮廓完成后工作平台下降一定高度，再进行下一层的涂覆，如此循环，最终形成三维产品。

（一）熔融沉积制造设备的结构

　　这里以 F3CL 型打印机为例介绍桌面 3D 打印机的关键结构。

① 袁赞，袁锋. 三维数字化建模与 3D 打印 [M]. 北京：机械工业出版社，2020：68.

1. 打印平台

打印平台是模型的成型空间，打印过程中丝状材料在打印平台上逐层堆积成型。本型号打印机所使用的丝材为 PLA 材料，其适合的平台温度为 50～60 ℃。在 3D 打印机工作过程中，打印平台会逐渐加热到较高的温度，所以应当避免与平台接触。

2. SD 卡接口

SD 卡接口用于传递打印数据，打印机通过读取 SD 卡中的模型数据文件进行打印。SD 卡与 USB 接口位于打印机的侧面。

3. USB 接口

打印机通过 USB 数据线与计算机连接，用于升级打印机固件。

4. 丝料盘轴架

丝料盘轴架位于打印机的后侧面，用于挂住 PLA 丝盘。

5. 打印托盘

打印托盘是打印平台的支撑，托盘上安装有水平调节螺丝。

6. 进料导管

进料导管是一段引导打印丝材从送丝机进入打印机头喷嘴的塑料管。

7. 送丝机

送丝机是材料的进给机构，用于将熔融的丝状材料经喷头挤出。

8. 打印喷头

打印喷头是材料的输出机构，用于将丝状材料加热至熔化，在送丝机的作用下挤出熔融状的材料。打印机工作过程中，喷头会加热到较高温度，应避免与其接触。PLA 材料打印温度为 195～200 ℃。打印喷头的温度会对材料的熔融程度造成明显的影响，温度越高，材料熔化程度越高，然而温度过高较易造成丝材冷却过于缓慢，导致模型塌陷；温度过低，材料熔化程度低，又会使材料挤出不流畅，引起模型断层或不能成型。

9. 控制界面

控制界面用于操作打印机，控制界面包括 LCD 液晶面板和控制旋钮。控制旋钮可以进行两种方式的操作：一种是左右旋转进行选择操作，另一种是按压单击进行确认操作。

（二）熔融沉积制造设备的基本操作

桌面 3D 打印机结构十分简单，操作起来较为便捷，在操作过程中应当细心、严谨。

1. 拆箱整理打印机配件

根据打印机的拆箱说明进行开箱，将打印机的主体框架与各部分固定件取出，包括十字轴固定胶带、打印平台玻璃固定胶带、工具包等，做好安装打印机的准备工作。

2. 安装打印耗材

取出工具包内的丝料盘轴架，拧下螺帽。然后将丝料去除外包装，将丝料按顺时针方向安装至打印机左侧的转轴孔上，并将螺帽拧紧。

从丝料盘上抽出丝料，为方便丝料通过导料管，用斜口钳将丝料顶端剪为斜口状。松开送丝机调节旋钮，将剪为斜口状丝料的一端从送丝机下部料口送入，直至材料完全穿过送丝机并到达导料管。将丝料送至导料管中大约 5 mm 即可。然后拧紧送丝调节旋钮，并确认送丝机齿轮刚好咬合材料。

3. 打印机开机

打印机连接 220 V 交流电源，开启设备背面电源开关。开机后打印机 LCD 液晶面板显示待机状态界面。

4. 安装 SD 卡

取出随机携带的 SD 卡，将其插入打印机左侧的 SD 卡接口中，确保 SD 卡中已经导入完成切片需要打印的模型数据文件。

5. 预热打印喷头和平台

按压打印机控制旋钮，打开系统菜单。为了防止在低温环境下材料挤出导致喷头与送丝机损坏，自动送丝功能一定要在喷头温度高于 180 ℃时才可以使用。LED 液晶面板中选择 Temperature 菜单，单击 Prebeat PLA 选项，打印机将开始预热打印喷头和打印平台。

6. 自动送丝

当打印机喷头温度高于 180 ℃时，可进行自动送丝操作。单击控制旋钮，打开系统菜单，选择 Motion → Auto → Auto 选项，打印机将进行自动送丝操作。

送丝机自动将丝料送至打印喷头，并且从喷头挤出一小段熔化的材料，表明自动送丝过程已经完结。完成送丝之后，需要利用工具箱中准备的镊子清理打印喷嘴处多出的丝状材料。在整个自动送丝过程中，应当避免用手接触打印喷头或熔融未冷却的丝料。

7. 打印模型文件

单击控制旋钮，打开系统菜单，选择 Card Menu → SD_Card_Holder.pcode，启动示例模型打印。

8. 打印完成

模型打印完成后，将打印平台两侧的四个玻璃锁紧螺丝拧下，取下打印平台玻璃。待模型完全冷却后，用铲刀将模型从平台玻璃上取下即可。

9. 其他操作

（1）自动退丝

①预热打印喷头和平台。为了避免在低温下材料挤出造成喷头和送丝机损坏，自动退丝功能必须在喷头温度高于 180 ℃时才能使用。按压打印机控制旋钮，打开系统菜单，选择 Temperature 菜单，单击 Preheat PLA 选项，打印机将开始预热打印喷头和打印平台。

②启动自动退丝。打开系统菜单，单击 Motion → Auto E → Auto Retract，打印机将启动自动退丝功能，先以较慢的速度挤出打印喷头内残留的材料，再以较快的速度将材料回抽至送丝机进料口附近，这个过程将持续大约 1 min。

③取出耗材。自动退丝结束以后，将送丝机扳钮向左扳动，并将材料取出，完成自动退丝操作。

（2）手动挤丝

自动进丝可以有效缩短打印时间，然而在实际打印过程中使用手动挤丝的频率更高。在具体操作过程中，出现以下情况，都最好使用手动挤丝后再进行打印，能够有效优化打印效果。出现打印喷头自动挤出材料偏少或带有一定杂质时；打印机搁置了一段时间，再次开机准备打印时；在更换了不同颜色或材质的材料，准备继续打印时。手动挤丝操作的步骤包括以下几个环节。

①预热打印喷头。手动挤丝功能必须在打印喷头温度高于 180 ℃时才能使用，操作前必须先确认打印喷头温度高于 180 ℃，否则打开系统菜单，选择 Temperature 菜单，单击 Preheat PLA 选项进行预热

②手动控制挤出。打开系统菜单，单击 Motion → Extruder，打开挤出坐标控制界面，手动旋转控制旋钮可以改变挤出坐标值，从而控制挤出。顺时针旋转控制旋钮是挤出，逆时针旋转控制旋钮是退回。

（3）调节打印平台

当打印机打印模型的第一层材料时，如果打印平台处于水平状态，打印平台与喷嘴的距离应为 0.2 mm（因为打印机喷嘴与平台之间的距离为 0.2 mm 左右；使用的每根丝材宽度为 0.4 mm 左右），喷嘴挤出的材料能够正好填满喷嘴与平台之间的间隙，这样一方面使材料较好地附着在平台上，另一方面能产生一个较为平整的底面平面，使后续材料在平整的底层上逐层堆积。

应保证打印系统在归零时打印机的喷嘴垂线与打印平台相垂直，并且喷嘴与平台表面的各个点均正好接触，处于不压紧也不远离的状态，否则需要调平打印机的平台。打印机平台的调平操作是在打印机安装没有任何异常的情况下予以微调，通过旋拧平台调平旋钮的松紧，以带动升降平台的弹簧进行伸缩，从而实现平台与喷头之间距离的有效调整。

如果打印机平台的水平状态发生变化可以通过以下步骤进行调平。

①平台归零。打开系统菜单，单击 Motion，选择 Auto Home 选项，系统即可完成归零操作。

②平台归零后，打印喷头位于平台顶角的位置。

③按照顶视逆时针方向旋转打印平台调整旋钮 1，直至打印喷头与平台不再接触。

④按照顶视顺时针方向微动旋转平台调节旋钮 1，同时观察平台的运动，当平台刚好接触到打印喷头的瞬间停止调整。

⑤释放电动机，打开系统菜单，单击 Motion，选择 Disable Steppers 选项，释放电动机。

⑥此时可以手动拖动十字轴中心滑块，依次将喷头移动至平台的顶角位置。

⑦在每个顶角位置，重复步骤③④，直至喷头的每个位置都刚好与平台接触但又不压紧。

⑧以上为静态调整过程。若是在打印第一层时，平台距离依旧有误差，可以基于实际误差情况对 4 个旋钮进行微调，直至模型第一层达到十分优良的成

型状态。

（4）暂停打印

在打印机正常打印过程中需要暂停打印时，单击"Pause Print"可暂停打印，打印机将在完成缓冲的命令后，快速回抽材料并将喷头移动至零点附近。

（5）恢复打印

在打印机暂停打印的状态下，单击"Resume Print"可恢复打印。当打印机由于温度、机械等故障自动暂停时，在排除相应的故障后再进行恢复打印操作。

（6）停止打印

打印过程中单击"Stop Print"可停止打印，打印机将自动归零，释放电动机。若手动停止打印是为了在短期内继续进行新的打印任务，为了缩短时间，一般需要重新调整设置。单击"Stop Print"后，打印喷头不会立即停止加热，在结束打印后的20 min内没有继续进行新的打印任务，打印机将自动停止对打印喷头的加热板加热，减小功耗。

10. Pango软件中关键参数的设置

了解在使用Pango软件进行切片操作时涉及的关键参数含义，能够帮助操作者根据将要打印模型的特点调整某些特定的参数，以达到较好的打印效果。FDM方法在打印过程中涉及的关键参数有材料直径、打印速度、喷头温度、填充率、表皮圈数、打印线宽、层高及平台温度。

打开Pango软件操作主界面，单击"参数"，选择"设置"选项（或按快捷键Ctrl+F），对打印模型过程中涉及的关键参数逐一进行设置操作。

（1）层高

层高影响模型产品纵向的细腻程度，层高越小模型表面就越光滑，但模型的打印时间也会越长。F3CL打印机支持0.05 mm/0.1 mm/0.15 mm/0.2 mm四种分层厚度设置，默认层高为0.05 mm。

（2）打印速度

打印速度对模型的成型时间产生明显影响，随着打印速度的增加，模型表面质量便随之下降，通常基于实际需求，在成型时间和模型打印质量之间进行合理取舍。F3CL打印机默认的打印速度为40 mm/s，在实际打印时，可以基于需求在不降低模型表面质量的情况下予以合理调整。有时为了获得优质的模型表面质量可以设置打印速度为20 mm/s。

（3）打印线宽

打印线宽取决于打印机的喷嘴尺寸，打印线宽会对模型表面的细腻程度造成影响，线宽越小，模型表面越平滑，但模型的打印时间就越长。F3CL 打印机的喷嘴尺寸默认为 0.4 mm。

（4）材料直径

材料的实际直径与切片时的设置参数越接近，模型的成型质量也就越准确，形状精度和尺寸精度也就越高。如果材料的实际直径偏大，在打印模型时会造成挤出过多；如果实际直径偏小，打印时会造成挤出偏少。F3CL 打印机默认的材料直径为 2.9 mm。

（5）表皮圈数

表皮圈数以及上下表面层数影响模型的外表面坚硬程度。F3CL 打印机默认的表皮圈数是 2，根据喷嘴尺寸可以换算为 0.4×2=0.8 mm，上下表面层数为 4，根据分层厚度可以换算为 0.15×4=0.6 mm。

（6）填充率

填充率影响模型的内部强度，填充率越高，模型的打印时间就越长。F3CL 打印机默认的填充率为 25%，这是综合考量了模型的强度与打印时间后获得的一个比较合理的数值。

（7）喷头温度

喷头温度，即打印温度，影响材料熔融的程度。喷头温度越高，材料熔化得越充分，然而较易导致冷却过于缓慢，进而引发模型塌陷；温度过低，材料熔化不充分，又会造成挤出不顺畅，导致模型断层或无法成型。通常情况下，PLA 材料的打印温度为 195 ～ 205 ℃，ABS 材料的打印温度为 230 ～ 250 ℃。F3CL 打印机支持的打印温度范围为 170 ～ 260 ℃，默认为 200 ℃，适合采用 PLA 作为打印材料。一般情况下，为了防止喷头遭到损坏，只采用 PLA 或 ABS 作为 F3CL 打印机的打印材料。

（8）平台温度

为了防止模型在打印过程中出现翘边、脱离等不良现象，确保模型打印顺利开展，应设置合适的打印平台温度以使打印模型与打印平台良好附着。通常，PLA 材料适合的打印平台温度为 50 ～ 60 ℃，ABS 材料适合的打印平台温度为 85 ～ 110 ℃。F3CL 打印机默认的打印平台温度设置为 50 ℃，适合 PLA 材料打印。

11. FDM 成型的后处理

采用 FDM 成型工艺可以制造形状复杂的模型零件，但其逐层堆积的成型方式使制品表面留有肉眼可见的堆积成型纹路，这是影响零件表面精度的一个重要因素。因此采用 FDM 工艺打印成型的零件模型的表面细节需要进行后处理。后处理常用的方法有砂纸打磨、珠光处理及蒸汽平滑等。

（1）移除模型

①当产品完成打印后，打印机会发出类似蜂鸣的声音，表明打印已经结束。此时，打印喷嘴与打印平台会自动中止加热。

②用铲刀慢慢地滑动到模型下，来回撬松模型。这时打印平台还残留着一定的温度，应避免用手直接接触打印平台，防止出现烫伤。

（2）去除支撑

采用 FDM 工艺成型的模型由两部分组成，一部分是模型本体，另一部分是支撑结构。通常情况下，支撑部分材料和模型本体材料的物理性能是一样的，只是在切片分层操作时，将支撑材料的密度设置为小于模型本体材料的密度，因此很容易将支撑材料从模型本体上移除。可以使用多种工具来移除支撑材料，一部分支撑材料可以容易地用手拆除，接近模型本体的支撑材料可以使用尖嘴钳拆除。

（3）砂纸打磨

砂纸打磨是一种效果显著且价格低廉的去除支撑材料的方法，是 3D 打印产品后期抛光处理中运用最频率、最广泛的一种方法。砂纸打磨可以是手工打磨，也可以使用砂带磨床机。

采用砂纸打磨能够快速磨掉模型表面的成型纹路，但由于砂纸打磨主要是靠手工打磨或机械的往复运动来去除纹路，在处理比较微小的零部件时容易损坏细小的模型特征，对于有表面精度与耐磨性要求的零件应避免过度打磨，应当预先计算好需要打磨去除的材料量，不然会导致零件变形，甚至报废。

（4）珠光处理

3D 打印产品的珠光处理就是表面喷砂，是常用的表面后处理工艺。操作者手持喷嘴朝着抛光对象高速喷射介质小珠以达到抛光的效果。珠光处理过程迅速，一般 5 ~ 10 min 就可以完成。经过珠光处理的产品表面光滑，具有均匀的亚光效果。珠光处理可用于大多数的 FDM 工艺成型制品，处理也比较灵活，从产品的开发到制造、原型的设计到生产都能使用。珠光处理时喷射的介质小珠一般是经过精细研磨得很小的热塑性塑料颗粒。由于珠光处理需要在密闭的腔室中开展，因而对进行珠光处理的零件尺寸提出了一定要求，并且一次仅可以处理一个，要避免大规模使用。

（5）蒸汽平滑

蒸汽平滑就是将 3D 打印的产品浸渍在蒸汽罐中，在蒸汽罐的底部存在已经达到沸点的液体，利用上升的蒸汽融化掉打印产品表面，几秒钟内产品表面就变得光滑闪亮。蒸汽平滑不能对 ABS 和 ABS-M30 材料（常见的热塑性塑料）进行处理。

（三）熔融沉积制造设备的维护

第一，应用熔融沉积制造技术的桌面式 3D 打印机应在建议的工作环境下运行。不在建议的温度范围内使用时，应基于实际情况对打印参数做出合理调整，从而确保取得优良的打印效果。

第二，在干燥环境下使用打印机。

第三，打印时，打印喷头温度可高达 200 ℃以上，操作人员应注意高温，避免烫伤。

第四，应使用设备说明中建议的 ABS 或 PLA 专业耗材。其中 PLA 耗材是一种生物可降解塑料，无毒无害，在打印机制作原型时基本上没有任何气味，成型产品变形小。ABS 耗材的强度较高，但具有毒性，打印机制作原型时会出现异味，因而一定要保持环境空气的流通。

第五，3D 打印机打印较大平面的制件时，专业调平打印机平台的方法是同时调节平台下的 4 颗调平螺钉，并注意观察打印机出丝是否均匀。如果出丝均匀，则说明打印机平台处于水平状态。如果出丝不均匀，则需要对打印平台进行调平操作（顺时针旋转调平螺钉，打印平台被调高；逆时针旋转调平螺钉，平台被降低）。

第六，3D 打印机处于待机状态时，不能手动沿光轴移动打印喷头。如果待机状态下手动移动打印喷头，光轴上的电动机将逆转并产生一定的电流，电流会在一定程度上冲击打印机电路板，长此以往便会损坏打印机，因而要避免在待机状态下移动打印喷头。

第七，3D 打印机在进行长时间工作以后，光轴可能会发出较为刺耳的声音，这是光轴上的润滑油逐渐减少造成的，因而需要定时定量地为光轴添加润滑油。定时维护设备，这有利于打印机的正常工作与打印件的精度。

第八，3D 打印机在工作时如果不能正常出丝，首先需要检查打印喷头的加热温度是否正常，如果正常，说明打印喷头堵住，需要将喷头拆下，清理干净喷头内部。因为打印时需要经常换料，打印喷头内可能留有不同颜色的残料，或者退丝时有残料脱落在喷头内，导致再次进料时喷头加热没有熔化，堵塞喷头。所以需要定时将喷头拆下清理干净，以确保打印机可以正常工作。

第九，3D 打印机在打印大尺寸的平面工件时，可能会因为打印平台温度过高、打印速度过快及风扇的运转问题而导致打印件成型过快，塑件冷却过快引起收缩，成型件的底板无法较好地和打印平台黏结，出现翘边的现象，这时应当适当地降低打印平台温度与打印速度，并将喷头风扇关闭。

第十，若是打印机长期不工作，应当从打印喷头内取出打印机耗材。可先加热打印喷头，再使用自动退丝功能即可。

二、光固化成型设备及其维护

光固化成型也称为立体光刻成型、立体印刷成型。该工艺由 Charles W.Hull 在 1984 年获得美国专利，是最早出现的一种快速成型技术。

光固化工艺的成型过程如下：树脂槽中盛满液态光敏树脂（环氧树脂或丙烯酸树脂等），在控制系统的控制下，一定波长和强度的紫外激光按照零件的各分层截面信息，在光敏树脂表面进行逐点扫描。被扫描区域的树脂薄层产生光聚合反应而固化，形成零件的一个薄层。一层固化完毕后，升降工作台下移一个层厚的距离，在已经固化的树脂表面涂覆上一层新的液态树脂，利用刮平器将黏度较大的树脂液面刮平，激光再进行下一层的扫描加工，新固化的树脂层牢牢黏结在前一层上，如此反复直至整个零件制造完毕，便得到一个三维实体原型。当实体原型制作完成后，取出实体排净多余树脂，再进行后续固化处理。

光固化成型适合制作中小型工件，利用光固化成型技术制作的原型可以达到机磨加工的表面效果，能直接得到树脂或类似工程塑料的产品。

（一）光固化快速成型设备结构

这里以 SLA550 型光固化快速成型设备为例，介绍光固化快速成型设备的构造及操作。

1. 成型室

成型室是光固化成型设备的打印工作空间，包括工作平台、刮平器及树脂槽等部分。工作平台也称为网板，在打印过程中发挥着承载零件的作用。刮平器在打印过程中进行树脂的涂铺。树脂槽用来盛放光敏树脂。树脂槽侧面靠近地面的阀用来排放树脂。

2. 急停按钮

在打印过程中，如果设备出现紧急事故，那么需要按压急停按钮中止设备运行，如此能够防止设备出现损坏。等到完全排除设备故障后，再顺时针方向旋转急停按钮，设备便能够恢复正常工作。

3. 温控器

温控器监控当前工作条件下成型室内的环境温度与设置的设备温度。通常情况下，温控器的温度设置为 32 ℃，实际工作时有些光敏材料并不需要加热，这时可关闭加热键。

4. 显示器

SLA550 打印机显示器为电子触摸显示器。

5. 按键与蜂鸣器

①USB 插口：用来连接 U 盘，可将 SLC 文件导入机器中。

②电源标识：显示机器的通电状态。

③控制按键：机器控制系统的电源开关。

④激光按键：激光系统的电源总开关。

⑤加热按键：温控系统电源开关。

⑥照明按键：成型室内 LED 灯开关。

⑦蜂鸣器：起提示、报警作用。

⑧激光控制柜。

激光电源控制器安装在设备右下角柜中。激光系统为机器的重要组成部分，除开、关激光器外，其他操作应在专业技术人员的指导下进行。

（二）光固化成型设备基本操作

1. 光固化成型工艺工作过程

光固化成型工艺工作过程中主要经过三个步骤：模型预处理、打印、后处理。

（1）模型预处理

模型预处理包括支撑结构的设计和对模型进行分层切片处理，主要是在切层及支撑生成软件中对设计好的三维模型进行分层切片处理，生成光固化成型打印机可识别的 SLC 文件。通常会生成两个文件：part.slc 和 s_part.slc 文件，其中 part.slc 文件为零件实体，s_part.slc 文件为所生成的支撑文件。

（2）打印

按步骤开启光固化成型打印机，将预处理得到的两个 SLC 文件拷贝至设备的控制电脑，加载 part.slc 文件至 Zero 软件中，s_part.slc 文件会随 part.slc 文件自动加载（也可以将 part.slc 和 s_part.slc 文件一起拷贝至 Zero 软件中），在打印平板上编辑待打印零件的位置和数量，编辑完成后开始打印。

（3）后处理

零件打印完成后需要进行后处理，包括清洗残留树脂液体、去除支撑以及对零件表面进行紫外光固化处理，还可以进行喷砂、打磨、抛光、喷绘等处理以增加零件的强度与表面精度。

2. 光固化成型设备的开启和关停

（1）启动机器

①顺时针旋转机器背面的电源开关。

②电源指示灯亮后，按下控制按键，机器控制系统通电，显示机器已经工作。

③通常温控器默认温度为 32 ℃，若是使用的光敏树脂不需要进行加热，那么便将加热按键关闭。

④开启激光器。

（2）关停机器

①依次关闭加热按键、照明按键。

②关闭计算机。

③关闭激光器

④关闭激光按键，系统断电。

⑤关闭控制按键，机器控制系统断电。

⑥旋转机器背面的电源开关，关闭机器电源。若是长期停用设备，还需要把树脂槽中的树脂排空。

3. 光固化成型设备的操作流程

光固化成型设备的操作流程如图 3-1 所示。

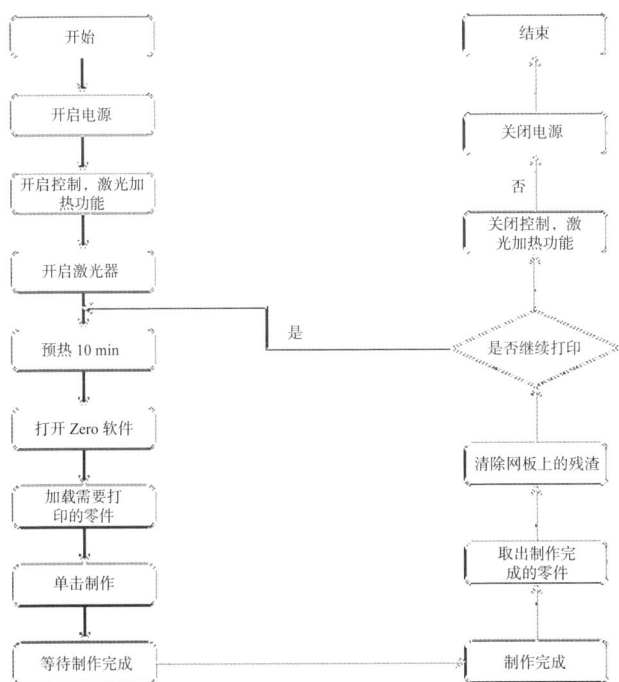

图 3-1　光固化成型设备的操作流程

4. 光固化成型后处理

运用光固化成型工艺将模型制作完成后，需要等待大概 10 min，等到模型上的树脂大部分流到树脂槽内后，使用铲刀轻轻地从打印平台上取下模型，还需要去除支撑结构和模型表面的残余液态树脂。

（1）模型初步处理

用酒精将模型表面的残余液态树脂清洗干净，同时使支撑材料得到软化。

（2）去除支撑

经过酒精的软化用手即可剥离支撑，并用毛刷刷洗残余在模型内部的残渣。

（3）模型打磨

打磨支撑部位残余的支撑结构。

（4）二次固化

使用风枪吹干模型，保证模型的干燥性，然后将模型放入紫外光固化箱中进行二次固化。

（三）光固化成型设备维护

为了确保光固化成型设备在平时的生产活动中维持正常运转，需要对其展开定期的保养维护。具体的维护工作包括下列环节。

①取零件时，树脂较易滴落到机器上，所以每天应当擦拭一次成型室内的机器表面。

②保持设备外观清洁，每日擦拭一次。

③每次制作完成后，清理一次刮板平台上的散碎支撑杂物等。

④当刮板平台下粘有东西时，在刮动过程中会撞到零件，因此需要每周对刮板底面检查一次。

⑤每周检查一次机器的激光功率，保证激光功率在正常工作范围内。

⑥每周检查一次激光光斑，须由专业人员完成。

⑦机器的水平可能会变化，每季度使用水平仪检查一次。

⑧各导轨丝杠需要每季度加一次润滑油。[①]

---

① 刘彦伯，孔琳 . 3D 打印技术 . [M]. 北京：北京理工大学出版社，2021：126.

第四章
3D 打印成型工艺与技术研究

3D 打印成型是一种以数字模型文件为基础，通过逐层打印的方式来构造物体的工艺与技术。通常采用数字技术材料打印机，使用粉末状金属或塑料等可黏合材料，通过逐层打印的方式构造物体。在机械产品创新设计中，3D 打印成型工艺与技术不仅改变了设计方式，还推动了整个制造业向更加高效、灵活和可持续的方向发展。通过不断的技术进步和应用探索，它将在未来的机械产品创新设计中发挥越来越重要的作用。

第一节　熔融沉积成型工艺

熔融沉积成型（Fused Deposition Modeling，FDM）也称熔融挤出成型，由美国学者 Scott Cramp 博士于 1988 年率先提出。1992 年，美国 Stratasys 公司推出世界上第一款基于 FDM 技术的 3D 打印机，标志着 FDM 技术步入商用阶段。[1]2009 年，FDM 关键技术专利到期，各种基于 FDM 技术的 3D 打印公司开始大量出现，行业迎来快速发展期。目前，世界上仍以该公司开发的熔融沉积成型工艺的应用最为广泛。这种工艺有着突出特点。由于其在打印中使用的材料是工业级的热塑性材料，打印出来的物品不仅能够耐高温和腐蚀，还具有良好的抗

---
① 李华雄，张志钢.3D 打印技术及应用 [M]. 重庆：重庆大学出版社，2021：233.

菌性。熔融沉积成型技术一般被用于制造概念模型、功能模型、各类零部件，下面对其进行详细介绍。

一、熔融沉积成型基本原理

所有 3D 打印技术（增材制造）的基本原理都是将三维实体转化为二维平面后层层堆积形成最终的零件，采用不同原材料（金属、塑料、沙子、石膏）、材料的不同形式（丝材、粉材、板材、液态材料等）以及不同材料的结合方式（激光烧结、黏接、焊接）构成了各种各样的 3D 打印方法。

熔融沉积成型的原理如下：丝状低熔点材料在加热熔化后由喷头挤出，挤出后的材料与已凝固的材料黏接后形成片状材料，片状材料层层堆叠最终形成零件。加热喷头在计算机的控制下，可根据截面轮廓的信息，做 X-Y 平面运动和高度 Z 方向的运动。丝状热塑性材料（如 ABS 及 MABS 塑料丝、蜡丝、聚烯烃树脂、尼龙丝、聚酰胺丝）由供丝机构送至喷头，并在喷头中加热至熔融态，然后被选择性地涂覆在工作台上，快速冷却后形成截面轮廓。等到完成一层截面的涂覆工作之后，喷头会自动上升一截面层的高度，然后反复进行截面的涂覆工作。等到多次循环工作后，三维的产品就逐渐被打印出来。未经后处理的熔融沉积成型零件表面有明显的成型纹路，因此根据纹路的方向，可以清楚地知道零件的成型方向。

二、熔融沉积成型参数控制

在使用熔融沉积成型系统进行成型时，有关参数的把控是十分重要的，具体而言，主要包括分层厚度、喷嘴直径、喷嘴温度、环境温度、挤出速度、填充速度、理想轮廓线的补偿量以及延迟时间等。

分层厚度是其中的关键参数，是指将三维数据模型进行切片时层与层之间的高度，也是 FDM 系统在堆积填充实体时每层的厚度。分层厚度对产品整体表面的品质和精度有着较为重要的影响，通常来说，厚度越小的分层，其整体精度会更高，质量也会更好，但所需的加工时间也越久。

喷嘴直径的大小会对喷丝的粗细造成直接的影响。而喷丝的粗细又会影响原型的精确度。一般来说，喷丝越细，原型的精度就会越高，但是所花费的成型时间也就更长。要注意的地方在于，为了上下两层间能够实现稳固地黏结，分层厚度应当比喷嘴直径更小一些。

挤出速度是指喷丝在送丝机构的作用下，从喷嘴中挤出时的速度。填充速度则是指喷头在运动机构的作用下，按轮廓路径和填充路径运动时的速度。在保证运动机构平稳运行的前提下，填充速度越慢，对应的成型时间也越长，反之则越短。为了达到连续平稳出丝的效果。要注意保证挤出速度和填充速度之间的匹配性，使得喷丝从喷嘴挤出时的体积等于黏结时的体积（此时还需要考虑材料的收缩率）。当填充速度和挤出速度匹配后，若出丝较慢，就代表材料填充不够，后续还会出现断丝，导致难以成型。当填充速度和挤出速度匹配后，若出丝较快，则会导致熔丝堆积于喷头上，材料分布不均，成型质量欠佳。也就是说，速度过快和过慢都不好。

当系统处于工作状态时，需要将喷嘴加热到一定的温度，这个温度就被称作喷嘴温度。所谓的环境温度，指的是系统工作期间，周围环境的温度情况，也可以简单地理解为工作室的温度。喷嘴温度需要根据材料情况，控制在一定的标准内。若使用的是改性聚丙烯这种材料，那么需要将喷嘴的温度控制在 230 ℃左右。同时，还应当将工作室温度也进行合理调控。

成型过程中，由于喷丝具有一定的宽度，填充轮廓路径时的实际轮廓线会超出理想轮廓线一些区域，因此需要在生成轮廓路径时对理想轮廓线进行补偿。由于喷丝过程中各工艺要素条件变化的影响，喷丝的宽度也会产生相应的变化，从而导致理想轮廓线也随之改变。因此，在具体实践操作过程中，理想轮廓线的补偿量需要根据实际情况进行设置调节，以确保每次的参数控制都能恰当地生产出符合相应精度与质量的产品。

延迟时间可以细分为出丝延迟时间和断丝延迟时间两种。所谓的出丝延迟时间指的是送丝机构进行送丝时，喷嘴没有立即出丝，延迟的那一时间段就是出丝延迟时间。相应地，当送丝机构停止进行送丝作业时，喷嘴却没有立即地进行断丝，延迟的时间也就是所谓的断丝延迟时间。在进行工艺参数设置时，要将延迟时间进行合理的设置，避免造成断丝、堆丝等不良现象，进而对原型的质量造成不良影响。

三、熔融沉积成型工艺特点

与其他工艺相比，熔融沉积成型工艺具有以下几点优势。

第一，不采用激光系统，使用和维护简单，从而把维护成本降到了最低水平。正是由于这个原因，熔融沉积成型工艺得到较为普遍的使用。

第二，成型材料广泛，热塑性材料均可应用。熔融沉积成型技术在材料上通常选择熔点较低且具有高分子属性的丝状材料，如 ABS、PLA、PC、PPSU 以及尼龙丝和蜡丝等。这些材料的强度较高、耐用性较好，相对普通成型材料来说具有更广泛的应用场景。

第三，环境友好，运用这种工艺来制作原型，材料在制作与使用过程中不会发生任何的化学变化，也不会产生对环境有害的颗粒粉尘。从这个层面上看，熔融沉积成型工艺有着较高的清洁性，对周边环境都较为友好。

第四，设备的体积不大，不仅搬运起来较为便捷，而且适用于大多数的办公环境。

第五，原材料的利用率和回收使用率都很高，不会造成资源的浪费。

第六，后处理简单。仅需要几分钟到一刻钟的时间剥离支撑，进而使用原型。传统成型工艺在工作过程中往往会产生较多的粉末与液体，需要进行进一步的后固化处理才能正常使用，这一步骤也需要花费不少的时间。与这些工艺相比，熔融沉积成型工艺的后处理非常简单便捷，还能节省一定的时间。

第七，成型速度较快。试验发现，具有某些结构特点的模型，使用熔融沉积成型工艺时最高成型速度可以达到 60 cm³/h；随着系统的完善与技术的进步，预计最高成型速度可以达到 200 cm³/h。[①]

当然，熔融沉积成型也存在显而易见的缺点，主要有以下几点。

第一，喷头的运动速度是有限的，进而对成型时间有一定的影响，一般会耗费较长的时间。

第二，与光固化成型工艺以及三维打印工艺相比，熔融成型工艺技术具有逐层制造的特性，这一特点会导致打印出的物体表面出现类似台阶状的层叠现象，从而降低打印物体的表面质量，使得表面粗糙，影响打印结构的精度和性能。

第三，运用这种工艺来进行成型，需要支撑结构的支持，在后续将支撑结构进行剥除时，需要耗费一定的精力。

四、熔融沉积成型使用材料

目前，塑料零件使用的所有热塑性材料基本上都可以制成丝材供 FDM 技术使用，如 ABS、PLA、PC、蜡丝、聚烯烃树脂、尼龙丝、聚酰胺丝等。其中，前

[①] 李博，张勇，刘谷川，等.3D 打印技术 [M]. 北京：中国轻工业出版社，2017：43.

四者最为常用。ABS 的成型温度为 200～240 ℃，材料耐热温度为 70～110 ℃，收缩率为 0.4～0.7，浅象牙色，其强度高、韧性好、抗冲击、耐热性适中；PLA 的成型温度为 170～230 ℃，材料耐热温度为 70～90 ℃，收缩率为 0.3，有较好的光泽性和透明度，而且可降解，有良好的抗拉强度和延展性，但耐热性不好；PC 的成型温度为 230～320 ℃，材料耐热温度约为 130 ℃，收缩率为 0.5～0.8，大多数呈白色，具有高强度、耐高温、抗冲击的优点，但耐水解稳定性差；蜡丝的成型温度为 120～150 ℃，材料耐热温度约为 70 ℃，收缩率约为 0.3，大多数为白色，无毒，表面光洁度及质感较好，成型精度较高，但是耐热性较差。

除了常见的热塑性材料，基本符合以下条件的材料都可以使用 FDM 方法成型：便于制成丝材；熔点较低且高温情况下流动性较好；高温下具有一定的黏结性，便于分层制造；材料收缩率对温度不敏感，成型后零件变形不严重；无毒、无污染。

另外，根据打印要求不同，可以在热塑性材料中添加短纤维、木材、导电材料、生物材料、金属材料等特殊材料。

巴斯夫推出了一款金属丝 3D 打印线材，使用 FDM 3D 打印机打印成型之后，可以得到金属制件，相比一般的激光熔融金属 3D 打印工艺，成本可降至 1/10。[①] 该材料是采用金属粉末与黏合材料充分混合后拉丝成为线材，通过烘烤脱脂，去除部分黏合材料的金属件，然后高温烧结，去除所有的黏合材料，金属粉末收缩成最终的金属件制品。

熔融沉积成型过程中，还会用到一种可溶解支撑材料。它是一种打印后在水中或其他溶液里溶解的 3D 打印材料，主要解决 FDM 打印零件支撑难以去除的问题，一般在配备有双喷头的工业级 FDM 设备上使用。在 3D 打印过程中，支撑材料对材料起到支撑作用，打印完成后，将零件整体放入水里或其他溶液里，支撑材料就会自动溶解。目前采用的支撑材料一般为水溶性材料，即在水中能够溶解，方便剥离。常见的支撑材料为 PVA 水溶支撑材料。

当然，塑料材料的 3D 打印也可以不将其打印成丝材，而是采用颗粒料（注塑成型的原料）直接熔融沉积成型，这样做的好处是原料与注塑成型一致，成本更低，可以打印成更大的零件。例如，人们常见的建筑 3D 打印使用的是混凝土，食品 3D 打印使用的是食物浆料。

---

① 门正兴，白晶斐，银赢. 3D 打印技术与成型工艺 [M]. 重庆：重庆大学出版社，2022：17.

五、熔融沉积成型应用方向

熔融沉积成型的使用特点和工艺材料上的可行性，使理论上的设计方案能够得到落实，成为实际可见产品，所以在很多领域都得到了普遍的运用，如建筑、汽车、教育科研、医疗、航空、消费品、工业等。近年来，FDM 工艺发展极为迅速，目前已占有大量全球快速成型（RP）技术总份额。FDM 主要的应用可以归纳为以下两个方面。

（一）设计验证

利用快速成型技术进行产品模型制造是三维立体模型实现的最直接方式，它提高了设计速度和信息反馈速度，使设计师能及时对产品的设计思路、产品结构以及产品外观进行修正。针对产品中重要的零部件，在进行批量生产前，为降低一定的生产风险，往往需要进行手板的验证。对形状复杂、曲面众多的零部件，传统手板加工方法往往很难加工，利用 RP 技术可以快速方便地制造出实体，缩短新产品设计周期，降低生产成本以及生产风险。下面举例说明。

1997 年 1 月，Mizuno 美国公司准备开发一套新的高尔夫球杆，预计需要 13 个月的时间。[1] 在生产制造的过程中，该公司采用了熔融沉积成型技术，将球杆与球头打印出来，再针对打印出来的成品进行试验，提出相应的改进建议，经过反复印证与改进，最终得出确定模型。该公司采用这一技术之后，将高尔夫球杆的开发周期压缩到了 7 个月，缩短了 40% 的时间，且降低了产品的制作成本。[2]

（二）模具制造

快速成型技术在典型的铸造工艺（如失蜡铸造、直接模壳铸造）中为单件小批量铸造产品的制造带来了显著的经济效益。例如，在失蜡铸造这一工艺技术中，使用这种成型技术使整个产品制作的速度得到了提升，精度和质量也得到了更好的保障，生产制作出来的产品也拥有了更严密复杂的组织系统。此外，这一技术也为失蜡铸造工艺降低了不少成本。

FDM 在快速经济制模领域中可用间接法得到注塑模和铸造模。首先用 FDM

---

① 冯春梅，杨继全，施建平 . 3D 打印成型工艺及技术 [M]. 南京：南京师范大学出版社，2016：136.
② 王广春 . 3D 打印技术及应用实例 [M]. 北京：机械工业出版社，2016：21.

制造母模，然后浇注硅橡胶、环氧树脂、聚氨酯等材料或低熔点合金材料，固化后取出母模即可得到软性的注塑模或低熔点合金铸造模。

六、熔融沉积成型主要问题

从当前来看，熔融沉积成型技术的主要问题是快速成型时成型精度的控制。在熔融沉积成型的过程中，常常出现由于精度控制不当而产生的误差问题。从技术实践原理来看，熔融沉积成型技术由数据处理、成型过程和后处理三部分组成，其误差的产生也是由于这三个方面。目前，FDM技术领域存在以下四个问题。

第一，材料方面的问题。材料的使用在熔融沉积成型技术中起着基础性作用。当前，材料使用往往出现在堆积的过程中受到外界条件（如温度、压力、化学成分等）变化的影响，使材料从一种相态转变为另一种相态的"相变"现象。最终导致制作出来的产品与预期不够符合，需要后续进一步处理。

第二，成型精度与速度方面的问题。在熔融沉积成型技术中，材料的单元化处理对整个工艺流程起着决定性作用。具体而言，在数据处理方面，由于各层之间必然存在一定的距离，而对各层堆积进行处理的过程中又会受到物理因素的影响，所以成型产品也必然会呈现出一定的层次性，最终影响成型的精度。

第三，软件方面的问题。这是熔融沉积成型技术中最为重要、最为严峻的问题之一。软件系统的使用，不仅对成型过程中的离散或堆积效果有着重要影响，更决定着最终成型产品的精度。从目前来看，熔融沉积成型技术中的软件系统普遍采用随机安装形式，不支持再次开发。不同厂商的软件也缺乏统一的数据标准，功能类型有限。此外，基于STL文件转换的模型的使用在转换过程中也出现了不少问题，无法高度还原原有模型。以上各方面的软件问题，阻碍着成型产品的品质与精确性。对此，如何创新出可供二次开发的软件、统一软件的使用标准等，是当前熔融沉积成型技术软件方面亟待解决的问题。

第四，价格和应用方面的问题。FDM技术集材料科学、计算机技术等于一身，在研究开发阶段就会花费较高的成本。此外，等到工艺成熟后，还需要处理好专利保护的问题。因此，在技术的交流和推广上，存在一定的局限性。并且当前FDM技术的应用主要在新产品开发和功能测试等方面，在生产直接使用的高品质的零配件方面还存在明显的不足。

七、熔融沉积成型发展趋势

从当前的发展趋势来看，对零部件的直接生产已经成为当下熔融沉积成型技术的主要发展趋势。具体而言，这种直接生产的发展趋势体现在以下几个方面。

第一，对新型适用材料进行开发与应用。材料在快速成型技术中非常重要。可以根据条件和情况来开发一些诸如复合材料、纳米材料等新型材料。以便更好地满足 FDM 技术应用的需要。

第二，要持续地开发一些有着强大功能的成型软件和成型系统，以便促进 FDM 技术的更好发展。

第三，金属 / 模具直接成型，即直接制造金属 / 模具并应用于生产中。

第四，大型模具制造和微型制造，熔融沉积快速成型精度及工艺研究。

第五，反求技术。这一技术主要通过已知的物理对象来恢复或重构其设计数据，能够在有效提升产品制作效率的同时，减少有关制作成本。其主要应用于创新产品的快速原型制造、设计优化与修护中。

第六，低温成型及生物工程。低温成型与生物工程技术具有制作成本低、工艺技术方便、污染较小等优点，在生物工程领域有着广泛的应用，特别是在生物材料和组织工程支架的制备中。

第七，研究具有特定电、磁学性能的梯度功能材料及纳米晶材料。

第八，生长成型。生长成型是一种利用生物材料的活性进行成型的方法。在自然界中，生物个体的发育过程就属于生长成型的范畴。这种技术的核心在于模仿自然界中生物的生长过程，通过控制生物材料的活性来实现特定形状和结构的成型。这种生长成型技术拥有较为广阔的应用前景，它不仅在生物医学领域有着重要应用，还在材料科学、半导体制造等领域展现出巨大的潜力。随着活性材料、仿生学、生物化学、生命科学的发展，这种成型方式将会得到更大的发展和应用。

第九，远程制造。随着现代网络技术的不断发展，FDM 技术的远程制造会逐步实现。这主要包括两个层面。首先，设计和制造人员能够通过远程操控系统来对制造的过程进行直接的控制。其次，用户也可以直接将产品的相关 CAD 数据传输给制造商，由制造商来进行制造。这也是远程制造的一种重要表现。

第二节 光固化成型工艺

光固化成型（Stereo Lithography Apparatus，SLA）也被称为立体光刻成型，属于快速成型技术中的一种，有时也称为 SL。该技术是最早的快速成型技术。与其他大多技术相比，该技术在当前已经有了较为深入的探索，技术也得到了更进一步的发展，在众多领域都有着普遍的应用。光固化成型工艺在材料方面主要选择低黏度、固化收缩小、湿态强度高、溶胀小、杂质少的液态光敏树脂。在具体工作上，首先通过 CAD 设计出三维实体模型，利用离散程序对模型进行切片处理，设计扫描路径。其次，激光光束通过数控装置控制的扫描器，按设计的扫描路径照射到液态光敏树脂表面，使表面特定区域内的一层树脂固化。再次，当一层加工完毕后，就生成零件的一个截面。最后升降台下降一定距离，固化层上覆盖另一层液态树脂，再进行第二层扫描，第二固化层牢固地黏结在前一固化层上，这样一层层叠加而成三维工件原型。整个打印工作的完成，就是通过这种光的固化与升降移动的反复循环实现的。我国在 20 世纪 90 年代初就开始了对光固化成型技术的研究，经过多年的研究取得了长足的发展，如今技术产品已经达到了商业化的要求。

一、光固化成型技术原理

首先，液槽中盛满液态光固化树脂，激光器发射出的紫外激光束（波长为 320 ～ 370 nm，处于中紫外至近紫外波段）在计算机的控制下按工件的分层截面数据在液态的光敏树脂表面进行逐行逐点扫描，这使扫描区域的树脂薄层产生聚合反应从而固化成工件的一个薄层，未被照射的地方仍是液态树脂。

其次，当一层扫描完成且树脂固化完毕后，工作台将下移一个层厚的距离以便在原先固化好的树脂表面上再覆盖一层新的液态树脂，刮板将黏度较大的树脂液面刮平，再进行下一层的激光扫描固化。新固化的一层将牢固地黏合在前一层上，如此重复直至整个工件层叠完毕，逐层固化得到完整的三维实体。

当实体原型完成后，应先将实体取出，并将多余的树脂排净。接着去掉支撑，进行清洗。然后将实体原型放在紫外激光下整体后固化。最后须通过强光、电镀、喷漆或着色等处理得到需要的最终产品。

二、光固化成型控制系统

光固化成型控制系统根据生产商不同而略有不同，一般会包含光源系统、扫描系统、平整系统和作台等。激光振镜扫描式的光固化成型系统如图 4-1 所示。激光器产生光源，激光光束通过振镜偏转可进行水平面的二维扫描，扫描完一层之后，工作台沿着垂直方向移动准备进行下一层的成型加工。每层成型加工时，控制系统会根据该层的截面形状信息对振镜进行精确控制，使得激光光束按照设定的路径逐点进行扫描，与此同时控制光阀与快门使一次聚焦后的紫外光进入光纤，在成型头经过二次聚焦后照射在树脂液面上进行固化。一层固化完成后，控制工作台在垂直方向上移动一个距离，这个距离就是制件每层的厚度，然后控制激光光束对新一层的树脂进行固化，如此反复这个过程直至整个制件加工完成。

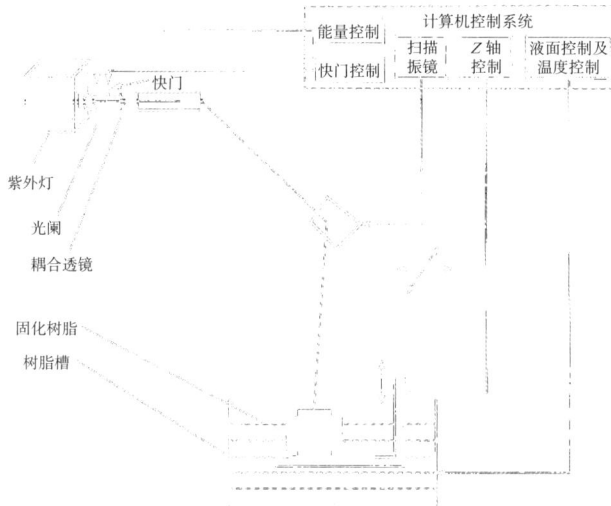

图 4-1 激光振镜扫描式的光固化成型控制系统

（一）光源系统

光固化成型技术使用的光源一般是气体激光器、固体激光器和半导体激光器等，也有采用普通紫外灯作为光固化光源的。

从光固化成型的原理可以看出，当激光光束的光谱分布与光敏树脂吸收谱线相同时，组成树脂的有机高分子吸收紫外线，造成分解、交联和聚合现象，其物理或化学性质发生变化。光固化成型技术通过光敏剂对不同频率的光子的吸收选择光源，由于绝大多数光敏剂在紫外光区内就能通过较低的光密度固化液态树脂，所以多数光固化成型设备一般都采用紫外波段的光源。

气体激光器是利用气体作为工作物质产生激光的器件。激励方式以电激励方式最为常用，在适当放电条件下借助电子之间的相互碰撞，促进能量的产生，从而使其中的气体粒子定向地激发到某高能级上，从而形成与某低能级间的粒子数反转，产生受激发射跃迁。气体激光器组织结构简单，生产成本较低，使用便捷，能够形成质量较高的光束，能够保持较长的工作周期。另外，它的品种多，应用广，常见的有氦氖激光器、二氧化碳激光器和氮气激光器等多种。

固体激光器用固体激光材料作为工作物质。工作原理是在作为基质材料的晶体或玻璃中均匀掺入少量激活离子。例如在钇铝石榴石（YAG）晶体中掺入三价钕离子的激光器可发射波长为 1 050 nm 的近红外激光。固体激光器具有体积小、使用方便、输出功率大的特点。一般光固化成型设备具有输出功率高，使用寿命长，在更换激光二极管后可继续使用，光斑模式好，有利于聚焦，扫描速度快，效率高等优势。

半导体激光器也被称为激光二极管，是一种利用半导体材料制成的激光器。它是基于半导体的光电效应，通过电子和空穴的复合来产生激光。通常情况下，不同材料制成的激光器在激光原理上也存在一定的区别，常用工作物质有砷化镓、硫化镉和硫化锌等。半导体激光器具有驱动方式简单、能耗小、体积小和寿命长等优点，根据最终输出光线形状不同可分为点激光器、线激光器和面激光器。其中，点激光器扫描速度慢，精度高；面激光器扫描速度快，精度低；线激光器介于两者之间，应用较为广泛。

普通紫外光源有氘灯、氢弧灯、汞灯、氙灯和汞氙灯等。氘灯和氢弧灯是点光源，作为一种热阴极弧光放电灯，泡壳内充有高纯度气体，外壳由紫外透过率高且光洁的石英玻璃制成。当灯内充的气体是重氢（氘）时称为氘灯，灯内充的气体是氢时，称为氢弧灯。汞灯一般分为高压汞灯和低压汞灯，高压汞灯多为球状，其体积小、亮度高，但在远紫外区域有效能量弱；低压汞灯则呈现为块状，所用功率不高，但电极之间距离较远，不具备点光源属性，因而在远程紫外线的曝光中较少使用。汞氙灯是利用氙气作为基本气体，并充入适量的汞制成的球形弧光放电灯。具有体积小、亮度高、即开即亮和节电等优点，在远紫外范围内具有很强的能量辐射。远紫外汞氙灯含有能固化树脂的紫外能量。其他可见光会在一定程度上影响固化零件的质量，造成零件表面粗糙等缺陷。红外线具有热效应，如在焦点上把红外线能量聚集起来会形成高温，致使光纤损坏，导致系统无法正常工作，为了避免这种情况的发生，一般采用冷光介质膜技术进行处理。通常选择在零件的外层涂上一层紫外反射介质膜，这类介质膜对红外线和可见光的敏感度都较低。

光源系统还包含了聚焦系统，其作用是传输光能量。光固化成型技术在将光能量传向树脂液面的过程中对密度有着较高的要求。为了增强传递过程中光能量的密度，一般会使用反射罩实现反光聚焦效果，再通过光纤的传输促进其能量密度的提升，并最终传递到树脂液面。经过聚光系统的光能量，通常能量密度会有所降低，这是因为所用的光源不是标准光源，而是一个扩散的圆形光斑。此外，聚光反射罩的使用也会导致其能量的产生有一定偏差。因此，在经过聚光系统后，还需要将光能进行二度聚焦与耦合，并通过光纤进行再次传输。需要注意的是，由于光纤在传输过程中是以数值孔径角的形式进行，所以在传输后还需要进行一次聚焦，才能达成固化的目标。

（二）扫描系统

光固化成型的光学扫描系统有数控导轨式和振镜式激光两种。数控导轨式扫描系统利用计算机控制工作台进行二维平面运动，用光纤和聚焦透镜完成零件的扫描成型。它具有结构简单、成本低、定位精度高的优点，且便于简化物镜设计，但是扫描速度相对较慢。振镜式激光扫描系统是一种低惯量扫描器，主要用于激光刻线和舞台艺术等激光扫描场合，常用于高精度大型快速成型系统。它的工作原理是用具有低转动惯量的转子带动反射镜偏转光束。它能产生稳定状态的偏转，进行高保真度的正弦扫描以及非正弦的锯齿、三角形或任意形式扫描。振镜式激光扫描器适用于大视场范围内的扫描，速度快、动态特性好，但是其结构比较复杂，对光路要求高，调整较为烦琐，价格较高。

（三）涂覆机构

涂覆机构主要用于将树脂液面进行涂覆刮平，可使液面尽快流平，缩短成型时间，提高涂覆效率和成型质量。涂覆机构常见的形式有吸附式、浸没式和吸附浸没式等。

吸附式涂覆机构由吸附槽、前刃、后刃、压力控制阀和真空泵等组成，刮刀由吸附槽、前刃和后刃组成。工件完成一层激光扫描后，电动机带动托板工作台下降一个层厚的距离，真空泵抽气产生的负压使刮刀的吸附槽内吸有一定量的树脂，刮刀沿水平方向运动，将吸附槽内的树脂涂覆到已固化的工件层面上，同时刮刀的前刃和后刃修平高出的多余树脂，使液面平整，刮刀吸附槽内的负压还能消除由于托板工作台移动而在树脂中产生的气泡。这种吸附式的涂覆主要用于面积较小的树脂液面固化，如果要实现较大面积的液面固化，可以通过对刮刀的调节来实现。

浸没式涂覆机构与吸附式涂覆机构相比，刮刀组成部分较少，只有前刃和后刃，没有吸附槽。因此，当对某一层的工件层进行激光扫描和涂覆后，电动机带动工作台移动的距离要比吸附式大得多。在进行激光扫描过后，托板工作台会不断上升，在抵达靠近最佳液面时停止。随后刮刀开始工作，抹平工件层面不均匀分布的树脂，同时刮平上面的气泡。这一涂覆方式主要用于面积较大且树脂分布不均匀的工件，缺点是难以消除工件表面气泡，容易影响最终成品的质量。

吸附浸没式涂覆机构拥有前两个涂覆机构的优点，主要由刮刀、真空机构和运动机构等组成，并增加了水平调节机构。其中，真空机构中设计的调节阀能够对刮刀整体的负压值进行调节，从而根据需要灵活控制树脂液面的高度，确保刮刀吸附槽中始终存在一定的树脂量。刮刀水平调节机构主要用于调节刮刀刀口的水平。由于在工件表层激光扫描过程中，液面需要始终保持水平，所以刮刀刀口的设计也必须保持平行状态。在操作过程中，每一层激光扫描完成后，托板工作台会先降低几个层厚的距离，再上升到略低于液面的水平。等上升到这一高度时，刮刀就可以开始工作，清除液面上不均匀的树脂和气泡，为下一周期的激光扫描做准备。这种结合吸附和浸没两种方式的平整系统，能够有效地提升平整效率，促进更多高质量产品的制作。

（四）工作台

工作台的主要作用是完成零件支撑及在垂直方向运动，它与平整系统相互协调，可实现待加工层液态光敏树脂的涂覆。工作台升降系统靠步进电动机驱动，使用精密滚珠丝杠和精密导轨进行传导和导向。制造零件时托板工作台需要经常在垂直方面做直线移动，在托板工作台上分布的小孔结构可有效减少工作台直线移动对液面产生的搅动。

三、光固化成型影响因素

光固化成型技术也称为立体光刻，是一种利用光源（通常是紫外线）固化液态光敏树脂材料的 3D 打印技术。其运行原理是将任意复杂的三维 CAD 模型转化为一系列简单的二维切片，逐层固化粘贴，最终获得三维模型。根据光固化成型技术的主要步骤，可以将其主要影响因素分为三类。

（一）前期数据处理误差

零件的 CAD 模型在造型软件中生成之后，必须经过分层处理才能将数据输入 3D 打印设备。CAD 模型分层处理主要有基于 CAD 模型的直接切片法和基于 STL 文件的切片方法。其中，直接切片法的优点在于所产生的文件空间占比不大，制作精度较高，分层速度较快且出错概率较低，但缺点在于无法为 CAD 模型自动添加支撑结构，并且依赖于特定的软件环境。而基于 STL 文件的切片方法主要将三维模型分解为一系列二维层次，以便 3D 打印机逐层构建物体，虽然在速度和制造效率上有待改进，但仍是当前较为常用的分层方式。因此，下面对光固化成型影响因素中的前期数据处理误差的分析，主要是针对基于 STL 文件的切片方法来进行的。

1. STL 文件格式转换误差

STL 文件的数据格式采用小三角形来逼近三维 CAD 模型的外表面，通常情况下，三角形的数量分布与模型的相似度呈正相关，三角形分布越多，所形成的数据格式与模型越接近。一般三维 CAD 系统在输出 STL 格式文件时都要求输入精度参数，也就是用 STL 格式拟合原 CAD 模型的最大允许误差。这种文件格式将 CAD 连续的表面离散为三角形面片的集合，当实体模型表面均为平面时不会产生误差。而当实体模型表面为曲面时，即使有再多的三角形和再高的逼真度，也无法真实地还原，因而误差必然存在。

2. 分层处理产生的误差

分层处理对成型精度的影响主要体现在其原理误差上。分层处理以 STL 文件格式为基础，先确定成型方向，通过一簇垂直于成型方向的平行平面与 STL 文件格式模型相截，所得到的截面与模型实体的交线再经过数据处理生成截面轮廓信息，相邻两平行平面之间的间距即每一层的分层厚度。由于切片层之间的距离导致了对模型表面连续性的破坏，两切片层之间的信息丢失，进而造成分层方向的尺寸误差和面型精度误差。

进行分层处理时，确定分层厚度后，如果分层平面正好位于顶面或底面，则得到的多边形恰好是该平面处实际轮廓曲线的内接多边形；如果分层平面与顶面、底面不重合，即沿切层方向的某一尺寸与分层厚度不能整除时，将会引起分层方向的尺寸误差。由此可见，合理的分层切片厚度可以减少或消除误差。

（二）成型加工误差

1. 设备误差

设备误差是3D成型设备本身的误差，它属于原始误差，在成型系统设计及制造过程中就应尽量减小以提升硬件基础品质，提高制件精度。另向工作台Z向运动误差直接影响堆积过程中每层厚度的精确度。工作台在垂直面内的运动直线度误差宏观上影响制件的形状、位置误差，微观上致使粗糙度增大。

扫描系统在X-Y方向的定位误差受系统运动惯性和扫描机构振动的影响。X-Y扫描系统在扫描换向阶段存在一定的惯性，致使扫描头在零件边缘部分超出设计尺寸的范围，导致零件的尺寸产生偏差。扫描头反复进行加速减速的运动，在工件边缘的扫描速度略低于其他部分，激光光束对边缘部分的照射时间稍长，在边缘部分会有扫描方向的转换，扫描系统惯性力大，加减速过程慢，致使边缘处树脂固化程度较高，进而对精度产生影响。扫描机构对零件的分层截面做往复填充扫描时，扫描头在步进电动机的驱动下本身具有一个固有频率，由于各种长度的扫描线都可能存在，所以在一定范围内，各种频率都有可能产生，当发生谐振时，振动增大，成型零件将产生误差。

步进电动机驱动同步齿形带并带动扫描镜头运动，同步带的变形也会影响定位精度，可采用位置补偿系数减小其影响。

2. 树脂变形误差

材料形态的变化对成型精度有直接影响。在光固化成型过程中，光敏树脂从液态到固态的聚合反应过程中要产生线性收缩和体积收缩。

线性收缩导致在逐层堆积时产生层间应力，使制件变形翘曲。其变形过程与材料结构、光敏特性、聚合反应等多种因素有关。线性收缩在成型固化及二次固化中都会发生，导致制件尺寸变化和形状位置变化，进而导致精度降低。

体积收缩影响制件尺寸的变化，进而影响成型精度。光敏树脂固化后的结构单元之间的共价键距离小于液态时的范德华力作用距离，造成结构单元在聚合物中的结合紧密程度比液态时大，导致聚合过程中产生体积收缩。体积收缩在光固化快速成型中对成型零件的翘曲有一定的影响。

树脂固化后的溶胀性对制件精度影响较大。光固化成型过程需要至少数小时才能完成，先固化的部分长时间浸泡在液体树脂中会出现溶胀，致使尺寸变大，强度下降。

3. 加工参数误差

光斑直径对成型质量具有一定的影响。在光固化成型中，圆形光斑有一定的直径，固化的线宽大小等于在该扫描速度下实际光斑的直径大小。如果不采用补偿，成型的零件实体部分周边轮廓就大了一个光斑半径，使得零件出现正偏差。为了减小或消除正偏差，采用光斑补偿，使光斑扫描路径向实体内部缩进一个光斑半径。

除了光斑直径对成型质量具有一定的影响，扫描方式的不同也会产生不同的影响。填充扫描是指光固化成型设备利用计算机控制激光光束在 X-Y 方向有序扫描零件轮廓形状的内部区域。不同的扫描方向和扫描线之间的相对位置，可派生出多种扫描方式。在不同的扫描方式下，固化成型过程中产生的层间应力的大小和方向是不同的，这种层间应力的差异在宏观上表现为工件变形和收缩量的不同。在不同的扫描方式下，工件的变形程度有很大的差别。

此外，激光功率、扫描速度、扫描间距产生的误差也会对光固化成型加工过程产生影响。

（三）后处理误差

后处理工序也会对成型精度造成影响。在后固化工序中，未固化的树脂和处于凝胶态的树脂发生聚合反应，导致产生均匀或不均匀的形变。与扫描过程不同，制件是将具有一定的扫描间距的固化线相互黏结而成，固化线之间和相邻层之间都有未固化的树脂，相互之间又存在收缩应力和约束。温度的降低也会引起应力。后固化方式不同，或者所用紫外光灯的能量、时间不同等也会有所影响。多种因素的互相影响使得制件在后固化过程中产生翘曲进而产生误差，影响精度。

在去除支撑工序时，人为因素和支撑对表面质量可能会产生影响。支撑在设计时就应考虑成型方向、支撑部位和支撑结构等问题，支撑设计要合理，便于后续操作和处理。

在打磨、抛光等工序时，如果处理不当会影响制件的尺寸及形状精度，产生后处理误差。有时制件表面会出现不平整的现象，可能在曲面上出现因分层引起的微小台阶状结构等缺陷。有时制件的薄壁和特殊结构可能出现强度不足、尺寸有偏差和表面硬度等问题。修补、打磨和抛光等后处理工序可提高表面质量，表面涂覆工序能改变制品表面颜色、提高其强度等。

四、光固化成型技术的特点

由光固化成型工艺得到的制件成型精度较高，表面质量较好，在工业生产中经常用于直接制作面向熔模精密制造的具有空中结构的消失模或替代塑料件。该项技术的特点如下。

第一，尺寸精度较高，表面质量较好。光固化成型技术加工制件的尺寸精度达到 0.05 ～ 0.1 mm。[①] 由于制件结构形状的影响，可能会在曲面等表面出现台阶状的微结构，但制件表面仍可达到玻璃状的效果。

第二，成型材料种类有限，选择时有局限性。目前常用的成型材料为光敏液态树脂，其具有一定的毒性和气味，对储存具有一定的要求，要求避光保存，远离热源，常温保存以防止储存的原料发生聚合反应影响正常的使用。

第三，成型制件外形尺寸稳定性较差。在成型过程中，较大、较薄和较复杂的表面或部位容易产生翘曲变形，影响制件的尺寸精度、外形和强度等。

第四，对有些制件的加工需要设计和制造支撑结构，支撑结构须在成型制件的后处理环节进行去除，去除过程如果不注意，将会破坏制件的表面精度和质量。有些较大制件的个别部件并未完全被固化，为了提升制件的性能和尺寸稳定性，通常需要进行二次固化。

第五，该项技术有利于构建结构相对复杂、尺寸较小的较精密零件。尤其是内部结构复杂、一般切削加工刀具难以加工的制件，光固化成型过程能自动化地一次成型，效率较高。

第六，光固化成型设备购买、运行和维护费用较高。如果对加工环境有一定的要求，需要对原件定期进行维护保养。激光器作为主要光源，其价格较高。所用的液态树脂成型材料的价格也比较高，并对储存环境有一定的要求。

第七，光固化成型工艺制造的零件由于强度较弱等原因，一般不适合进行二次的机械加工。

① 刘彦伯，孔琳 . 3D 打印技术 [M]. 北京：北京理工大学出版社，2021：32.

五、光固化成型专用材料

（一）材料分类

根据树脂性能，光固化 3D 打印专用材料可大体分为以下几类。

1. 通用型树脂

通用型树脂的主要优点是各方面性能适中，应用广泛，适用于对材料无特殊要求的制件，如首版模型、艺术品等。

2. 铸造树脂

铸造树脂主要用于熔模铸造，它在高温后不会留下灰烬，因此可以广泛用于珠宝首饰和金属零件的铸造。

3. 柔性树脂

柔性树脂是一种类似于橡胶的光固化树脂，该树脂的断裂伸长率高，柔韧性好，但是一般强度较低，可用于垫片、弹簧等需要柔韧性的制件制作。

4. 生物相容性树脂

生物相容性树脂是经过认证的一类生物相容性材料，可应用于医学，特别是牙科，可以帮助牙科医生为病人提供更快、更精确、更舒适的牙科诊疗服务。有了这种材料，牙医可以定制手术导板、培训模型、漂白托盘、牙架、矫正器等制件。

5. 耐高温树脂

耐高温树脂是一种高性能材料，用其打印完成后的部件无论是强度还是硬度都很高，而且可承受高达 200 ℃的温度，这使得它能在热环境中长期发挥作用。

6. 陶瓷树脂

陶瓷树脂通过 3D 打印成型后，其模型可以像传统陶坯那样放进窑炉里通过高温煅烧变成瓷器。这样制作的瓷器不仅具有传统煅烧瓷器所特有的表面光泽和光洁度，还具有光固化 3D 打印所赋予的高分辨率细节，因此陶瓷树脂非常适合应用于工业元件和珠宝领域。

（二）材料组成

光固化 3D 打印材料多为光敏树脂，其与传统的光固化涂料的组成大致相同，主要成分为反应性低聚物、活性稀释剂（反应性单体）、光引发剂以及各种各样的添加剂。

1. 反应性低聚物

反应性低聚物可分为聚相型、不饱和聚酯型、聚醚型、聚氨基甲酸乙酯型和聚环氧型等。在各种反应性低聚物中，分别有一个或数个反应基，如丙烯酸基、甲基丙烯酸基和环氧基等，聚合时，它们可以发挥取得交联结构的作用。为了提高流动性和交联密度，可加入一些光聚合性单体，如乙二醇二甲基丙烯酸酯、二乙二醇二甲基丙烯酸酯、三羟甲基丙烷三丙烯酸酯和季戊四醇四丙烯酸酯等低挥发性物质。聚合引发剂根据反应性低聚物和光聚合性单体的总量可加入一部分，主要的光引发剂有二苯基乙醇酮、二苯甲酮等羰基化合物，也有采用卤化物及硫化物的，所有这些都能产生游离基。[①]

选择反应性低聚物主要应考虑以下几个方面的因素。一是黏度，黏度的大小如何是评判光敏树脂可加工性如何的重要指数。黏度适当的低聚物才能确保制件的精确性。因此，在选择低聚物时，要首先考虑其黏度是否适宜。二要考虑低聚物的光固化速度如何。3D 打印机发射出的激光会在很短的时间内对树脂进行扫射，并发生反应。这就要求在选择时，要选择一些光固化速度比较快的低聚物，这样才能够满足实际的打印需要。三要考虑低聚物的固化收缩率情况。若是低聚物的固化收缩率较低，那么在进行 3D 打印时，就比较容易出现变形情况。不仅形状上很受影响，性能上也会受到制约。四要考虑低聚物是否具有毒性和刺激性。未来的光固化 3D 打印技术主要会用在办公室中，因此必须是低毒或无毒的，以免对人体造成一定的刺激。

2. 活性稀释剂

活性稀释剂主要指含有环氧基团的低分子量环氧化合物，它们可以参与环氧树脂的固化反应，成为环氧树脂固化物的交联网络结构的一部分。不仅能降低体系黏度，还能参与固化反应，保持了固化产物的性能。[②]活性稀释剂是光敏树脂最主要的一个组成部分，能降低低聚物的黏度，使得光敏树脂材料在 3D 打印机

---

① 安家驹，王伯英. 实用精细化工辞典 [M]. 北京：轻工业出版社，1989：285.
② 吴姚莎，陈慧挺. 3D 打印材料及典型案例分析 [M]. 北京：机械工业出版社，2021：60.

上使用。因此，活性稀释剂的选择和添加比例对光敏树脂材料也非常重要。

在活性稀释剂的选择上，活性单体的确定有着至关重要的影响。具体而言，在将活性单体确定为活性稀释剂的原材料时，需要遵守以下几个要点。其一，选用的活性单体要能降低体系黏度，同时要有较强的稀释性，以便确保所生成树脂后期的可加工性。其二，为了支撑 3D 打印的光固化成型技术拥有更广阔的发展前景，选用的活性单体应当有一定的环保性，确保无毒，以防止对人体造成刺激和伤害。其三，打印出来的制品体积与原材料不能有太大差距，要确保有较低的收缩率，防止成品发生变形或产生误差。其四，由于激光本身在扫描上有较快的速度，所以选用的单体也要有较高的灵敏度和较快的反应速度，确保不同工件层之间有足够的黏性，防止影响产品的机械性能。其五，活性单体作为稀释剂，需要能够较好地溶解黏度较高的低聚物以及光引发剂。

3. 光引发剂

光引发剂能在引发光源的紫外光区或可见光区吸收一定波长的能量，从而产生自由基、阳离子等物质，引发液态树脂这类单体聚合交联固化。它们在光固化材料中起着至关重要的作用，决定着聚合的速率和引发效率。目前的光固化 3D 打印机主要配备的还是紫外光光源，可见光引发剂由于常态不稳定而导致存储困难。现阶段对光引发剂的研究相对较少。

4. 添加剂

基本光敏树脂配方存在成型件收缩大、翘曲变形明显、耐热性不佳、力学性能较差等缺点，因此可以通过加入其他改性物质对其缺点进行改正，以获取能够实际应用的光敏树脂，如添加颜料、填料、消泡剂、流平剂、消光剂等。

六、光固化成型应用前景

光固化成型工艺自问世以来在快速制造领域发挥了巨大作用，已成为工程界关注的焦点。当前，这项技术主要应用于七大领域：其一，传统制造领域，主要体现在各种模型制作，如各种工业模具、玩具模型，以及一些高精密仪器产品。其二，对产品外形的有效评估，如对航天、汽车、高端体育产品、家庭产品、表面要求较高的艺术品等进行评估。其三，科学研究，如特定粒子模型的制作等。其四，多维模型中的流体，如大型机器、宏大建筑等。其五，艺术领域，特定技术产品的准确实物转化，如摄影等。其六，医疗领域、研究性人类器官骨骼仿制品及人造器官等。其七，珠宝首饰树脂蜡的3D打印等。

发展至今，光固化成型技术已经比较成熟，各种新的成型工艺不断涌现。随着不断发展，相信未来会在微光固化成型和生物医学两方面获得良好的应用。

（一）微光固化成型领域

目前，传统的光固化成型制造设备成型精度为±0.1 mm，能够较好地满足一般的工程需求。但是微电子和生物工程等领域一般要求制件具有微米级或亚微米级的细微结构，所以传统的SLA工艺技术已无法满足这一领域的需求。尤其是近年来，微电子机械系统和微电子领域的快速发展，使得微机械结构制造成为具有极大研究价值和经济价值的热点技术。微光固化成型（Micro Stereo Lithography，μ-SL）技术便是在传统的SLA技术基础上，面向微机械结构制造需求而提出的一种新的快速成型技术。实际上，该技术在20世纪80年代就已经被提出，经过40多年的努力研究，已经得到了一定的应用。目前提出并实现的μ-SL技术主要包括基于单光子吸收效应的μ-SL技术和基于双光子吸收效应的μ-SL技术，可将传统的SLA技术成型精度提高到亚微米级，开拓了快速成型技术在微机械制造方面的应用。但是，绝大多数的μ-SL制造技术的成本相当高，因此多数还处于试验阶段，离实现大规模工业化生产还有一定的距离。[1] 未来，该领域的研究方向为开发低成本生产技术，降低设备的成本；开发新型的树脂材料；进一步提高光成型技术的精度；建立μ-SL数学模型和物理模型，为解决工程中的实际问题提供理论依据；实现μ-SL与其他领域的结合，如生物工程领域等。

（二）生物医学领域

光固化成型技术为不能制作或难以用传统方法制作的人体器官模型提供了一种新的方法，基于CT图像的光固化成型技术是应用于假体制作、复杂外科手术的规划、口腔颌面修复的有效方法。目前生物医学研究的前沿领域出现了一门新的交叉学科——组织工程，它是光固化成型技术非常有前景的一个应用领域。基于SLA技术可以制作具有生物活性的人工骨支架，该支架具有很好的力学性能和与细胞的生物相容性，且有利于成骨细胞的黏附和生长。随着科技的不断进步，未来的SLA技术在生物医学领域的发展将集中在以下方面：组织工程与再生医学、个性化医疗器械、药物递送系统、生物传感器与诊断工具、生物材料与生物相容性、多材料与多功能打印、高通量与自动化。

---

[1] 黄明吉.数字化成型与先进制造技术[M].北京：机械工业出版社，2020：172.

第三节　激光选区熔化成型工艺

激光选区熔化（Selective Laser Melting，SLM）是目前应用较为广泛的金属零件直接增材制造方法，它可以利用单一金属或混合金属粉末直接制造出具有冶金结合、致密性接近 100%、有较高尺寸精度和较好表面粗糙度的零件，零件经过简单处理后可以直接使用。SLM 技术综合运用了新材料、激光技术、计算机技术等前沿技术，受到国内外的高度重视，成为新时代极具发展潜力的高新技术。如果这一技术取得重大突破，将会带动制造业的跨越式发展。

一、激光选区熔化成型基本原理

激光选区熔化（SLM）成型技术的工作原理与激光选区烧结（SLS）类似。其不同点主要在于粉末的结合方式不同，SLS 是通过低熔点金属或黏结剂的熔化把高熔点的金属粉末或非金属粉末黏结在一起的液相烧结方式，SLM 技术是将金属粉末完全熔化，因此其要求的激光功率密度明显要高于 SLS。为了保证金属粉末材料的快速熔化，SLM 技术需要高功率密度激光器，光斑聚焦到几十微米。

具体来说，激光选区熔化（SLM）的基本原理如下。首先，通过专用的软件对零件的 CAD 三维模型进行切片分层，将模型离散成二维截面图形，并规划扫描路径，得到各截面的激光扫描信息。在扫描前，先通过刮板将送粉升降器中的粉末均匀地平铺到激光加工区，随后计算机将根据之前所得到的激光扫描信息，通过扫描振镜控制激光束选择性地熔化金属粉末，得到与当前二维切片图形一样的实体。然后成型区的升降器下降一个层厚，重复上述过程，逐层堆积成与模型相同的三维实体。

二、激光选区熔化成型系统的组成

（一）光路系统

激光选区熔化成型主要依靠高能激光束实现对厚度为 10～100 μm 金属粉末的快速熔化及凝固，激光源是 SLM 设备最核心也是最昂贵的元器件，也可以说大功率激光源的出现才有了 SLM 成型技术，目前 SLM 成型通常采用 200～500 W 光纤激光器。

光路系统主要为 SLM 成型提供足够熔化金属粉末的激光束以及控制激光束沿指定路径进行 X-Y 平面快速移动的功能，目标是长时间输出稳定具有较小的光斑范围和较高能量密度的能量源。一般来说，光路系统包括高功率激光器、激光器水冷装置、扩束镜、扫描振镜等部分。

（二）粉末管理系统

粉末管理系统主要负责粉末材料的储存和铺粉工作。例如，DMP Flex 350 的粉末管理系统包括一个成型缸、两个粉缸、刮刀及滑轨，以及负责成型缸和两个粉缸上下移动的传动装置。小型设备一般用单粉缸送粉，而大型设备则用双粉缸送粉。双粉缸可以一次容纳更多的材料，还可以实现双向送粉，加快打印速度，制作更大的零件。大多数 SLM 成型技术的粉末管理系统是集成在整个设备中的，DMP Flex 350 设备为了满足未来设备连续七天不间断工作，设计了可以与主机分离的粉末管理系统，这样可以将 SLM 成型的前处理以及后处理与 SLM 成型过程分离，充分提高 SLM 成型设备的使用效率。

打印开始前，粉末材料被放置在成型缸两侧的粉缸中，每层打印完成后成型缸下降一个层厚，然后粉缸提升一个层厚，刮刀将粉缸中的金属粉末均匀地铺放到成型缸中，多余的粉末排到另一侧的粉缸中，如此往复进行。成型结束后，提升成型缸，零件从金属粉末中取出。

（三）气氛管理系统

激光熔化金属粉末的过程中极易与气氛中的其他元素发生反应，最常见的为氧化反应，发生氧化反应后 SLM 成型零件的力学性能会大幅下降。SLM 设备中设备的密封性、成型腔内氧含量都是设备好坏的重要指标。为降低设备内含氧量，设备在成型前均会反复抽真空、通氩气，最终实现成型腔体的高气压、低含氧量，一般 SLM 要求成型过程中含氧量控制在 100×10^{-6} 以下，而 DMP Flex 350 设备要求气压达到 150 mbar（ 1 pa $= 10^{-5}$ bar），氧含量降低到 20×10^{-6} 以下设备才能进行打印。

一般材料可以采用氮气保护，而如钛合金这种活泼的金属只能采用氩气作为保护气体。气氛管理系统主要包括设备的密闭型腔、真空泵、气体检测装置、控制阀等。

（四）气体净化系统

在 3D 打印过程中，金属蒸气会逐渐冷凝成黑色烟尘，夹带的粉末在喷射后会部分聚集在粉床表面，降低成型零件质量，烟尘还会影响激光束的折射和吸收，导致到达粉床表面的激光功率降低以及光束形状失真。SLM 成型设备需要设计合理的风场，既不能对金属粉末产生影响，又要将所有黑色烟尘导入过滤装置。净化系统包括风扇、分口、过滤系统等。

三、激光选区熔化成型设备操作

（一）设备的初始化

1. 粉缸的初始化

粉缸在打印前需要进行初始化，这样可以检查粉缸剩余粉量，避免粉量不足导致成型失败，具体步骤如下：打开舱门；通过软件控制粉缸回零；粉缸初始化完成。

2. 成型缸的初始化

成型缸在打印前也需要进行初始化，具体步骤如下：打开舱门；通过软件控制成型缸回零；初始化完成。

3. 刮刀的初始化

刮刀同样要在打印前进行初始化，具体步骤如下：打开舱门；通过软件控制刮刀回零；初始化完成。

（二）设备软件的调试

SLM 设备软件的调试分为三个步骤。第一，气体交换控制模块调试，在交替进行充入保护气与充入空气的操作中含氧量有明显变化即为正常。第二，机械控制模块调试，通过控制激光器使能与激光器启动，检查成型室内是否有激光光斑，可以确认激光是否能正常工作。第三，打印控制系统调试，通过控制粉缸、成型缸、铺粉臂运动，观察成型室内粉缸、成型缸、铺粉臂运动情况是否正常。

（三）设备激光系统的调节与维护

SLM 设备激光系统主要包括激光器、激光扫描系统两部分。激光器主要包含光源、增益介质、谐振腔。激光扫描系统主要是振镜式扫描系统。

SLM 激光系统调节主要调节激光器功率、激光扫描参数，具体步骤如下：打开机器控制软件，加载模型；选择某一成型层，在窗口左下角可以看到选项；根据需要修改参数。

SLM 激光系统维护主要针对成型室内透镜清洁，具体步骤如下：取擦镜纸，蘸取适量酒精；轻轻转圈擦拭成型室内激光透镜；重复该步骤一两次。

（四）设备的基本维护

1. 成型室维护

SLM 设备成型室的维护工作主要是清洁成型室密封胶条，具体步骤如下：使用纸巾或擦镜纸蘸适量酒精；擦拭成型室门上的密封胶条；擦完后检查一遍，如果还有污物，重复之前的操作即可。

2. 机械系统维护

SLM 设备的机械系统维护工作主要包含更换冷水机冷水，更换空气滤芯，具体步骤如下：打开冷水机放水口，放光旧冷却水；关闭放水口，添加新的蒸馏水至机器示意水位；打开机器背面维护舱门找到空气滤芯位置；拆卸螺丝，取下空气滤芯；装上新的空气滤芯，拧紧螺丝。

3. 故障维护

SLM 设备的各种零件均有使用寿命限制，当某个零件达到寿命限制时就有可能发生各种故障，如激光器冷却不正常、成型室氧含量降不下来、打印过程中成型室内气体混浊等。针对激光器冷却不正常的问题，解决办法主要是检查冷水机是否正常运转，冷却水量是否充足，冷却水是否干净，如果存在这些问题，则需要及时进行冷却水更换或者添加。针对成型室氧含量降不下来的问题，解决办法主要是检查氧传感器，如有问题，及时更换，并检查惰性气体浓度是否达标、检查气体交换的滤芯是否正常。针对打印过程中成型室内空气混浊的问题，解决办法主要是更换各处的空气过滤滤芯。

4. 旧粉处理

第一，使用不锈钢铲刀将供粉仓内粉末铲平。

第二，上升供粉仓至超过模块平面约 25 mm，将粉末推至溢粉槽。

第三，继续处理粉末，直到供粉仓高度超出之前设置的用户高度 10 000 μm 左右。此时，供粉仓内的粉末未被使用，不必处理。

第四，重复前面三个步骤，处理另一个供粉仓。

第五，抬起吹气喷头。

第六，检查限位块是否正常。

第七，打开模块锁，向外移动模块至限位块。

第八，放置收集器于溢粉仓出口下方。

第九，打开控制把手，释放旧粉，释放结束后，关闭控制把手。

第十，对另一侧溢粉仓重复第八至第九个步骤。

第十一，用筛粉系统筛粉，为下次打印做准备。

（五）软件的操作

1. 打印控制软件的操作

打印控制软件的操作步骤如下：点击加号依次添加支撑文件和实体文件；调整打印参数；启动置换打印舱内气体为惰性气体；点击上方菜单栏开始按钮，开始打印。

2. 切片软件的操作

SLM 切片软件的操作步骤：点击添加按钮依次添加支撑文件和实体文件；设置加载的模型的位置；切片导出 SLM 设备所需的文件。

（六）上机打印

上机打印的步骤：接通电源，启动软件；安装基板；补充粉末，铺平粉末；调试铺粉刮刀；关闭舱门，置换气体；加载打印文件，调整参数；打印开始。

上机打印须注意穿戴：处理粉末时应佩戴一次性橡胶手套，粉末处理操作完成后丢弃手套，而且在未脱下手套前不能进行开关操作，使用门把手或其他固定装置，以防止交叉污染；当工作环境中存在活性金属固化物时，应穿着具有导电性的特殊阻燃材质衣服，且裤子无翻边或封闭口袋；要佩戴N99（FFP3）或同等防护级别的一次性防尘口罩；处理粉末的过程中，要佩戴紧密贴合的护目镜或全脸防护面罩，如有颗粒误入眼部应通过冲洗眼部进行清除；在粉末容器、建模平台等重物品处理区域，必须穿着防静电安全靴。

四、激光选区熔化成型零件后处理

（一）取件

SLM取件就是在金属件打印完成后，将金属件从基板上剥离下来，方法有线切割、手工分离。常用工具有剪钳、锤子、凿子等。取件操作步骤如下：使用剪钳剪断支撑；使用凿子凿断支撑；取件完成。

（二）打印

SLM打印过程中常会出现打印件表面出现断层、打印件实体不成型和打印中途停止的问题。打印件表面出现断层主要有两个原因：其一，打印过程中打印舱内氧含量超标，停止打印；其二，打印过程中氧含量变化较大，导致表面不同部位氧化程度不同。解决办法如下：更换舱门密封圈；使用纯度更高的惰性气体；检查机器漏气的地方，进行封堵。打印件实体不成型的主要原因是供粉量不足。对此，应更改打印参数中的供粉量相关参数。打印中途停止的主要原因是成型舱内氧含量高于设定值，解决办法有清洁舱门密封圈、检查并封堵泄漏位置。

（三）打磨

如果对金属3D打印件进行处理，一般都需要打磨。打磨是为了获得平整的表面。SLM打磨的方法有两种：其一，使用砂纸锉刀手工打磨；其二，使用气

（电）动打磨机进行打磨。

（四）热处理

热处理是将金属工件放在一定的介质中加热到适宜的温度，并在此温度中保持一定时间后，又以不同速度在不同的介质中冷却，通过改变金属材料表面或内部的显微组织结构来控制其性能的一种工艺。金属材料的决定因素是化学成分和内部组织。其中，化学成分是改变性能的基础，热处理是改变性能的手段，内部组织是性能变化的根据。

常见的热处理工艺可分为普通热处理和表面热处理两大类。

普通热处理包括退火、正火、淬火和回火。退火是将钢件加热，保温后以极缓慢的速度冷却的一种热处理工艺。其目的是降低硬度，有利于切削加工；细化晶粒，改善组织，提高力学性能；消除内应力，为下一道淬火工序做好准备；提高金属的塑性和韧性，便于进行冷冲压或冷拉拔加工。正火是将钢件加热，保温后在空气中冷却的热处理工艺。它的作用与完全退火相似，两者的主要差别是冷却速度。退火的冷却速度慢，获得珠光体组织；正火的冷却速度快，得到的是索氏体组织。因此，同样的钢件在正火后强度和硬度比退火高，而且钢的含碳量越高，用这两种方法处理的强度和硬度的差别越大。将钢加热至 AC3 线或 AC1 线以上的某一温度，保温一定时间使之奥氏体化，迅速冷却，从而获得马氏体组织的工艺叫淬火。回火是将经过淬火的工件加热到临界点 AC1 以下的适当温度保持一定时间，随后用符合要求的方法冷却，以获得所需要的组织和性能的热处理工艺。

表面热处理包括表面淬火、渗碳、渗氮和碳氮共渗等。其中渗碳、渗氮和碳氮共渗又称为化学热处理。比如，钢的碳氮共渗是向钢的表层同时渗入碳和氮的过程。习惯上将碳氮共渗称为氰化，以中温气体碳氮共渗和低温气体碳氮共渗（即气体软氮化）应用较为广泛。中温气体碳氮共渗的主要目的是提高钢的硬度、耐磨性和疲劳强度。低温气体碳氮共渗以渗氮为主，其主要目的是提高钢的耐磨性和抗咬合性。有时，为了获得一定的强度和韧性，还要进行调质，即把淬火和高温回火结合起来。

SLM 工件进行热处理的操作步骤如下：工件放入内胆；内胆放入热处理炉；设置参数，启动设备；处理完成，取出内胆。

（五）电镀

SLM 一般采用真空电镀，是为了满足更安全、更节能、降低噪声、减少污染物排放的要求而采取的一种电镀手段。与一般的电镀不同，真空电镀更加环保，同时可以产生普通电镀无法达到的光泽度与很好的黑色效果。

真空电镀是一种物理沉积现象，即在真空状态下注入氩气，氩气撞击靶材，靶材分离成分子后被导电的货品吸附，形成一层均匀光滑的表面层。其过程是在真空条件下，采用低电压、高电流的方式通电加热，靶材在通电受热的情况下飞散到工件表面，并以固态或液态沉积在 SLM 工件表面。

真空镀膜的镀层结构一般为基材、底漆、真空膜层、面漆，因靶材理化特性直接决定膜层的特性，根据膜层导电与否，可分为导电真空镀膜（VM）和不导电真空镀膜（NCVM）两种。VM 一般用在化妆品、NB 类、3C 类、汽配类按键、装饰框、按键 RING 类饰件的表面处理，其表面效果与水电镀相媲美，靶材一般为铝、铜、锡、金、银等。NCVM 具有金属质感，透明，但不导电，一般用在通信类、3C 类抗干扰要求较高的机壳、装饰框、按键、RING 类饰件的表面处理，其表面效果类似于水电镀，靶材一般为铟、铟锡。

真空电镀由基材、底漆、膜层和面漆这四个部分组成。ABS、PC、ABS+PC、PP、PPMA、POM 等树脂类型均可称为真空电镀基材，一般为纯原料，不可加再生材，这样才能获得更好的电镀级别。UV 底漆用于对基材表面做预处理，为膜层的附着提供活性界面，其厚度一般在 $5 \sim 10~\mu m$，特殊情况可酌情处理加厚。靶材蒸发后形成的 VM（真空金属化）膜层具有导电性，而NCVM（非导电真空金属化）镀层则不导电，并且具备优异的抗干扰性能。这两种膜层的厚度通常都在 $0.3~\mu m$ 以下。面漆利用三基色原理可与色浆搭配出各类颜色，同时对真空膜层起保护作用，再加上 UV、PU 的表面装饰，效果更漂亮，厚度一般在 $8 \sim 10~\mu m$，特殊情况可酌情处理加厚。

真空电镀的适用范围较广，如 ABS 料、ABS+PC 料、PC 料的产品。同时，因其工艺流程复杂、环境、设备要求高，单价往往比水电镀昂贵。

五、激光选区熔化成型技术的特点

与其他 3D 打印成型方法相比，SLM 成型方法具有自身的优缺点。

首先，SLM 具有以下四大优势。

第一，成型材料广泛。从理论上讲，任何金属粉末都可以使用高能激光束熔化，只要将金属材料制备成合格的金属粉末，就可以通过 SLM 技术直接制成具有一定功能的金属零部件。除了常见的不锈钢、铝合金、钛合金以及高温合金，钨合金、钽合金的 SLM 工艺成型均有报道。

第二，对零件复杂程度不敏感。传统复杂金属零件的制造需要多种工艺配合才能完成，而 SLM 技术是由金属粉末原材料直接一次成型最终制件，与制件的复杂程度无关，简化了复杂金属件的制造工序，缩短了复杂金属制件的制造时间，提高了制造效率。

第三，制件材料利用率高。传统机加工金属零件的制造主要是通过去除毛坯上多余的材料而获得所需的金属制件。而用 SLM 技术制造零件耗费的材料基本上和零件实际相等，在加工过程中未用完的粉末材料可以重复利用，其材料利用率高达 90% 以上。[①]

第四，零件综合质量优良。SLM 技术采用小光斑高能量密度成型，且金属粉末粒径很小，成型零件有较高尺寸精度及良好的表面粗糙度。SLM 成型零件的内部组织是在快速熔化或凝固的条件下形成的，显微组织往往具有晶粒尺寸小、组织细化、增强相弥散分布等优点，相对密度几乎能达到 100%，从而使制件表现出特殊优良的综合力学性能。通常情况下，其大部分力学性能指标都超过铸件，达到锻件性能。

另外，SLM 成型方法也存在一些缺点，具体表现在以下几个方面。

第一，成型设备昂贵。大功率激光器价格昂贵、运动部件控制精度高、设备气密性要求严格等导致 SLM 设备价格总体较高。配备 500 W 光纤激光器、成型尺寸为直径 100 mm 的 SLM 设备价格约为 100 万元，而拥有多个激光器的大幅面 SLM 设备价格则达到上千万元。

第二，疲劳等力学性能差。尽管 SLM 技术能够直接成型出复杂且满足力学性能要求的金属零件，且常规力学性能达到或超过锻件水平，但是目前 SLM 技术研究尚处于起步阶段，无法彻底消除零件内部空洞性缺陷、各向异性以及铸态组织问题，最终导致 SLM 成型材料在长时间力学性能如疲劳性能、持久性能以及蠕变性能方面都不稳定。

---

① 朱红，易杰，谢丹 . 3D 打印技术基础 [M]. 武汉：华中科技大学出版社，2021：110.

六、激光选区熔化成型的应用材料

（一）常用材料

金属粉末的质量直接决定了 SLM 成型零件的最终质量，金属粉末的制备是 SLM 技术最重要和最关键的技术之一。SLM 成型一般采用 10 ～ 53 μm 粒径（头发丝的直径一般为 40 ～ 70 μm）的球形金属粉末，目前，常用的金属粉末包括铁合金、铜合金、铝合金和钛合金属。

1. 铁基合金

铁基材料就是人们通常所说的钢铁材料，在日常生活中应用较多，一般采用铸造、锻造、焊接以及数控加工技术成型，最大的特点是综合力学性能良好，加工性能好，材料价格低廉。SLM 用铁基粉末主要由传统铁基材料通过化学成型而得到，主要包括 304L 不锈钢、316L 不锈钢、H13 模具钢、18Ni300 模具钢等。铁基粉末材料价格较低，力学性能与原始材料相近，SLM 成型工艺成熟，目前使用较为广泛，主要用途包括汽车钣金件打印、无特殊要求金属零件打印、结构验证件打印、注塑模具随形冷却水道镶件打印。

2. 钛基合金

钛基合金具有耐高温、高耐腐蚀性、高强度、低密度、生物相容性等优点，广泛应用于航空航天及医疗行业，传统采用锻造成型。在用于人体硬组织修复的金属材料中，Ti 的弹性模量与人体硬组织接近，为 80 ～ 110 GPa，这可减轻金属种植体与骨组织之间的机械不适应性。目前使用 SLM 方法成型的钛基合金材料主要包括 TA2、TA15、TC2、TC4、TB6 等，其中 TC4（Ti6AL4V）是目前应用较为广泛的钛基合金材料，在医疗方面主要作为人体植入物和牙齿，在航空航天领域主要解决零件减重问题。

3. 镍基合金

镍基合金是高温合金的一种，含有大量的 Ni、Nb、Mo、Ti 等化学元素，通常使用温度在 540 ℃以上，在 650 ℃以上可以长时间使用，广泛应用于航空航天、发动机、核反应器。镍基高温合金化学成分复杂，在冶炼过程中偏析严重，机加工性能差，目前使用 SLM 方法成型的镍基合金材料主要包括 Inconel625、

Inconel718、GH4169、waspaoly 合金等。

4. 铝基合金

铝基合金材料具有材料密度低、比强度高、耐腐蚀性强、加工性能好等特点，在航空航天、汽车等行业大量应用，是工艺中应用较为广泛的有色金属材料。SLM 成型铝基合金比较困难，主要原因如下：铝粉流动性差；铝具有较高的反射率和导热率，需要大功率激光成型；铝基合金容易形成氧化膜，氧化膜大大降低铝基合金零件成型质量。大量实验验证，目前 AL-Si-Mg 系铝合金比较适合 SLM 成型，目前工业使用最多的是 ALSi10Mg。

（二）材料要求

虽然理论上可将任何金属材料制成粉末，然后通过 SLM 方式成型，但是实际上 SLM 成型对粉末材料的成分、形态、粒度等性能有严格要求。SLM 用金属粉末原材料主要可检测粉末粒度分布、形状或形态、比表面积、松装或表观密度、振实密度、流动性、氢氧氮碳和硫含量等，其中化学成分、粒度分布、松装密度、流动性、振实密度为五个关键指标。

1. 化学成分

研究发现，合金材料比纯金属材料更适合 SLM 成型，主要是因为合金材料中的某些合金元素增加了熔池的润湿性或抗氧化性，防止了零件在成型过程中发生开裂等，需要对原材料的化学成分进行重新设计才能满足 SLM 成型需求，这是目前可用于 SLM 成型的材料种类较少的原因。另外，部分合金元素在 SLM 成型过程中会被烧损，导致成型前和成型后材料化学成分不同。为了得到满足最终零件的力学性能，SLM 用粉末需要重新检测化学成分。

2. 粒度分布

粒度分布是指 SLM 用粉末材料的单个粉末直径的总体分布情况。通常，小粒径粉末材料在 SLM 成型过程中容易发生飞溅，而粒径太大会导致最终零件不致密。粒度分布一般通过标准筛分进行粒度分级。研究表明，SLM 用金属粉末材料的粒度为 15～53 μm 时成型效果最佳。

3. 松装密度

松装密度是粉末在规定条件下自由充满标准容器后所测得的堆积密度，即粉末松散填装时单位体积的质量，是粉末的一种工艺性能。松装密度是粉末多种性能的综合体现，可以反映粉末的密度、颗粒形状、颗粒表面状态、颗粒的粒度及粒度分布等，对产品生产工艺的稳定性和产品质量的控制都有重要的影响。通常情况下，粉末颗粒形状越规则、颗粒表面越光滑、颗粒越致密，粉末的松装密度会越大。较高的粉末松装密度有利于增材制造工艺的设置和优化，并确保增材制造最终产品致密度达到目标产品要求。

4. 流动性

流动性以一定量粉末流过规定孔径的标准漏斗所需要的时间来表示（霍尔流速计），其数值越小说明该粉末的流动性越好，它是粉末的一种工艺性能。粉末流动性与很多因素有关，如粉末颗粒尺寸、形状和粗糙度、比表面等。通常，球形颗粒的粉末流动性最好，而颗粒形状不规则、尺寸小、表面粗糙的粉末流动性差。另外，粉末流动性受颗粒间黏附作用的影响，颗粒表面水分、气体等的吸附会降低粉末的流动性。SLM 要求粉末材料具有较好的流动性，以使打印零件精度更高。

5. 振实密度

振实密度是粉末在容器中经过机械振动达到较理想排列状态的粉末集体密度，与松装密度相比，它主要是粉末多种物理性和工艺性能的综合体现，如粉末粒度分布、颗粒形状及其表面粗糙度、比表面积等的综合体现。一般来说，振实密度越大，粉末的流动性越好。在购买和选用金属粉末前，需要和厂家沟通，得到购买粉末材料的基本参数，以判断是否达到零件设计要求。另外，要对购买的粉末材料的相关参数进行复检，即便是反复使用的金属粉末也须定期检测，以确保粉末原材料符合 SLM 成型要求。

七、激光选区熔化成型应用领域

SLM 作为一种精密金属增材制造技术，目前的研究仍集中在复杂几何形体的设计以及个性化、定制化制造。具体来讲，SLM 技术当前主要在以下三个方面具有独特的优势。

（一）多孔功能件

多孔结构可用来做超轻航空件、热交换器、骨植入体等。有人研究了 SLM 成型铁合金的微观多孔结构，孔隙率为 31% ～ 43%，与皮质骨空隙率相当，机械性能抗压强度在 56 ~ 509 MPa，并且结构收缩率较低，仅为 1.5% ~ 5%，适合用作骨材植入体。还有人采用 PHENIXPM-100 成型设备，以 904L 不锈钢为材料，采用 50 W 的光纤激光器，制成了系列薄壁零件，壁厚最小为 140 μm；并以 316L 不锈钢为材料，制成了具有空间结构的微小网格零件。研究表明，增材制造借助其高度几何自由的优势为轻量化功能件制造提供了有效方法。在研究中采用周期性的多孔结构与拓扑优化结构，两者性能同样良好，但是多孔结构刚度降低，并通过扭矩加载实验得到验证。

为了获得预设计的多孔结构成型效果，国内研究人员在优化成型工艺基础上，须逐步解决实体零件成型的极限成型角度、SLM 成型的几何特征最小尺寸、设计适合于 SLM 工艺的单元孔和多孔结构成型等问题。

（二）牙科产品

在牙科领域，3TRPD 公司采用 3T Frameworks 生产了商业化的牙冠牙桥，并采用 3M Lava Scan ST 设计系统和 EOSM270 来提供服务，周期仅为三天。有报告称，成型可摘除局部义齿，这表明从病人处获取扫描数据后自动制造 RPD 局部义齿是可行的。国内如进达义齿等相关企业已经购置德国设备用于商业化牙冠牙桥直接制造，只需 1 台设备就能替代月产万颗的人工生产线。国内在前期研究中也针对患者每一个牙齿反求模型，然后通过 SLM 技术直接制造个性化牙冠、牙桥、舌侧正畸托槽。

（三）植入体

有学者研究了生物兼容性金属材料成型医疗器械的可能性（如植入体）。研究表明，SLM 制造的植入体表面多孔可控，类似多孔的结构可以促进与骨头的结合，并且在 2008—2009 年的 1000 多例手术中，该植入体反馈效果极好。有学者通过改变 SLM 的激光功率（60 ~ 100 W）制造了梯度密度（全熔、烧结）的牙根植入体。在美国，SLM 制造三级医疗植入体已经符合 ISO 13485 标准，这意味着对医疗器械的设计与制造需要一个综合管理系统。此外，在欧洲、澳大利亚、北美（美国除外），一些高风险医疗器械，如铁合金、钴铅合金已经开始在人体上使用。国内市场植入体大多依据欧美白种人设计，对我国人民来说个体适配性较差。直到 2021 年，清华物理系张靖利用 SLM 金属 3D 打印了骨骼植入物，并通过了美国食品药品监督管理局（Food and Drug Administration，FDA）

的审评。[①]2023 年，由维度（西安）生物医疗科技有限公司牵头研发的全国首款"SLM 匹配式胸腰椎人工椎体"正式获批上市。[②]

八、激光选区熔化成型前景展望

（一）网状拓扑结构轻量化设计制造

激光选区熔化成型技术的发展使得网状拓扑结构轻量化设计与制造成为现实。连接结构的复杂程度不再受制造工艺的束缚，可设计成满足强度、刚度要求的规则网状拓扑结构，以此实现结构减重。例如，EADS 为 A380 门支架的优化结构，采用网状拓扑优化后在保持原有强度的基础上实现 40% 减重。[③]除此之外，采用 SLM 技术也可以实现海绵、骨头、珊瑚、蜂窝等仿生复杂网状强化拓扑结构的优化设计与制造，达到更显著的减重效果。

（二）三维点阵结构设计制造

与蜂窝夹层板这种典型的二维点阵结构相比，三维点阵结构可设计性更强，比刚度、比强度和吸能性能经过设计可以优于传统的二维蜂窝夹层结构。受到制造手段的限制，传统制造方法难以实现三维点阵结构的高质量、高性能制造，而基于粉床铺粉的 SLM 技术较为适宜制造这类复杂的空间结构。制备不同材料、不同结构特征的空间点阵结构是目前 SLM 技术研究的热点之一。

（三）陶瓷颗粒增强金属基复合材料结构一体化制造

陶瓷颗粒增强金属基复合材料具有良好的综合性能。目前，制备方法有很多种，如粉末冶金、铸造法、熔渗法和自蔓延高温合成法等。但是，由于陶瓷增强颗粒与金属基体之间在晶体结构、物理性质以及金属/陶瓷界面浸润性方面的差异，采用常规方法容易导致成型过程中增强颗粒局部团聚或界面裂纹。SLM 制备过程中温度梯度大，冷却凝固速度快，可使金属基体中颗粒增强项细化到纳米尺度，且在金属基体内呈弥散分布，可以有效约束金属基体的热膨胀变形，克服

---

① 南极熊 3D 打印网. 清华学霸的 SLM 金属 3D 打印骨科植入物，获 FDA 认证 [EB/OL].（2021-01-15）[2024-10-23].https://www.163.com/dy/article/G0CC8UH9051186GP.html#.
② 看见高新. 国内首款！"SLM 匹配式胸腰椎人工椎体"获批上市 [EB/OL].（2023-05-25）[2024-10-23].https://baijiahao.baidu.com/s?id=1766853031979175245&wfr=spider&for=pc.
③ 李博，张勇，刘谷川，等 .3D 打印技术 [M]. 北京：中国轻工业出版社，2017：83.

界面裂纹。此外，SLM 成型技术可以在材料制备的同时完成复杂结构的制造，实现材料 - 结构的一体化制造。

第四节　聚合物喷射技术

聚合物喷射（PolyJet）技术是以色列 Objet Gemetries 公司于 2000 年初推出的专利技术。2008 年，Objet Geometries 公司基于聚合物喷射技术推出能够同时打印几种不同原料的多种材料 3D 打印机 Connex500。2012 年，该公司并入 Stratasys 公司，此次合并将 PolyJet 技术推向了更广的 3D 打印市场，令 3D 打印热进一步升温，且加快了数字制造商用化的进程。

一、聚合物喷射工艺原理

在应用 PolyJet 技术打印时，设备的喷射打印头沿 X 轴方向来回运动，其工作原理与喷墨打印机类似，不同的是喷头喷射的不是墨水而是光敏聚合物。当光敏聚合材料被喷射到工作台上后，UV 紫外光灯将沿着喷头工作的方向发射出 UV 紫外光对光敏聚合材料进行固化。完成一层的喷射打印和固化后，设备内置的工作台会极其精准地下降一个成型层厚，喷头继续喷射光敏聚合材料进行下一层的打印和固化。就这样一层接一层，直到整个 PolyJet 工件打印制作完成。

二、聚合物喷射技术的特点

聚合物喷射技术有四大优点，具体如下。

第一，精确度高。精密喷射与构件材料性能可保证细节精细与薄壁。

第二，清洁。采用非接触树脂载入 / 卸载，容易清除支持材料，容易更换喷射头，适用于办公室环境。

第三，快捷。得益于全宽度上的高速光栅构建，可实现快速的流程，可同时构建多个项目，并且无须事后凝固。

第四，多用途。材料品种多样，可适用于不同几何形状、机械性能及颜色的部件，所有类型的模型均使用相同的支持材料，因此可快速便捷地变换材料。

当然，聚合物喷射技术也存在一定缺点。

第一，工件力学性能较低。由于成型材料是树脂，成型后的工件强度、耐久度不高。

第二，耗材成本相对高。使用 Stratasys 公司的专用光敏树脂材料作为耗材，成本相对偏高，尤其是制作大型样件时成本更高。

第三，用聚合物喷射技术打印出来的产品一般不适合长期使用。

第四，这个过程需要支撑结构。

三、聚合物喷射成型材料

以 Stratasys 公司提供的材料为例，PolyJet 聚合物喷射技术的材料可分为以下八种。

第一，数字材料。灵活性高，肖氏硬度 A 值范围为 27 ～ 95；刚性材料范围从模拟标准塑料到硬且耐高温的数字 ABS Plus；刚性或柔性材料鲜艳多彩，比如 Stratasys J850 多达 500 000 种颜色选择；PolyJet 多重喷射 3D 打印机可用。

第二，数字 ABS。通过结合强度和耐高温模拟 ABS 塑料；数字 ABS2Plus 带来薄壁部件强化尺寸稳定性；适用于功能性原型、在高温或低温条件下使用的卡扣配合部件、电子部件、铸模、手机壳、工程部件和外罩。

第三，耐高温材料。非一般的尺寸稳定性，适用于热功能测试；结合 PolyJet 类橡胶材料制作不同肖氏硬度 A 值、灰度和耐高温的包覆成型部件；适用于形状、外观和热功能测试、需要表面质量优异的高清模型，可耐受强光的展览模型，水龙头和管道以及热气和热水测试。

第四，透明材料。使用 VeroClear 和 RGD720 打印彩色透明部件和原型；结合多彩材料实现非凡的透明度；适用于透明部件的形状和外观测试，如玻璃、消费品、护目镜、灯罩和灯箱、液体流动情况可视化、医疗应用、艺术和展览建模。

第五，刚性不透明材料。绚丽的色彩选择带来前所未有的设计自由；结合类橡胶材料，用于包覆成型、质感柔软的手柄等；适用于形状和外观测试、移动部件和组装件、销售、营销和展览模型、电子部件组装和硅胶成型。

第六，类聚丙烯材料。模拟聚丙烯外观和功能；适用于容器和包装、灵活的卡扣和活动铰链、玩具、电池盒、实验室设备、扬声器和汽车零部件原型制作。

第七，类橡胶材料。可提供不同程度的弹性体特征；结合刚性材料来模拟多种肖氏硬度 A 值，范围为肖氏硬度 A27 ～ A95；适用于橡胶挡板、包覆成型、触感柔软的镀膜与防滑表层、按钮、握柄、拉手、把手、垫圈、密封件、软管、鞋类以及展览和通信模型。

第八，生物相容性材料。尺寸稳定性高、无色透明；拥有五项医疗审批，包括细胞毒性、基因毒性、迟发型超敏反应、刺激性和 USP Ⅵ 级塑料；适用于皮肤接触超过 30 天以及短期黏膜接触达到 24 h 的应用。

四、聚合物喷射成型设备

目前，全球 PolyJet 领先的企业是 Stratasys 公司，其制造的 PolyJet 3D 打印机是最先进的。因此，下面以 Stratasys 公司制造的 PolyJet 3D 打印机为例进行分析。

（一）工业级设备

Stratasys 公司出品的工业级 PolyJet 3D 打印机以 Stratasys J850 3D 打印机为代表。其服务的主要目标人群为设计师，设计师可以通过 Stratasys J850 3D 打印机进行原型件的制作，Stratasys J850 3D 打印机的技术参数见表 4-1。

表 4-1 Stratasys J850 3D 打印机的技术参数

模型材料	VeroTM 系列不透明材料，包括中性色调和充满活力的 VeroVividTM 色调；Agilus 30TM 柔性材料系列；VeroClearTM 和 VeroUltraClearTM 透明材料
数字模型材料	超过 50 万种色彩，象牙色和绿色的 Digital ABS PlusTM 和 Digital ABS2 PlusTM；具有各种肖氏 A 硬度值的类橡胶材料；半透明色彩
支撑材料	SUP705TM（可用水枪流去除）；SUP706BTM（可溶）
构建尺寸	490 mm × 390 mm × 200 mm
分层厚度	水平构建层薄至 14 μm；超高速模式下为 55 μm
工作站兼容	Windows 10

表 4-1（续）

网络连接	LAN-TCP/IP
系统尺寸和质量	1 400 mm × 1 260 mm × 1 100 mm； 430 kg
操作条件	温度为 18 ～ 25 ℃； 相对湿度为 30% ～ 70%（非冷凝）
电源要求	100 ～ 120 V 交流电、50 ～ 60 Hz、13.5 A 单相； 220 ～ 240 V 交流电、50 ～ 60 Hz、7 A 单相
合规性	CE、FCC、EAC
软件	GrabCAD Print
打印模式	高质量：多达 7 种基础树脂，14 μm 分辨率； 多混合：多达 7 种基础树脂，27 μm 分辨率； 速度快：多达 3 种基础树脂，27 μm 分辨率； 超高速：1 种基础树脂，55 μm 分辨率
精度	STL 尺寸的典型偏差，对使用刚性材料打印的型号，基于尺寸：小于 100 mm ～ ±100 μm；大于 100mm ～ ±200 μm 或零件长度的 ±0.06%，以较大者为准

Stratasys J850 3D 打印机具有以下三点优势。

第一，设计决策更快。传统模式下，设计师主要通过设计图纸或效果图与客户沟通，没有直观的模型往往无法向客户准确地传达设计理念及效果，双方容易出现评估误差，从而造成反复修改图纸，甚至日后返工费时、费工、费料。即使后来出现一些建模服务机构，在时间以及成本上仍然存在很大的问题。有了 Stratasys J850 3D 打印机，这一系列问题都得到了很好的解决，设计师可以在短短几个小时内生产出具有精致细节的精美模型，轻松地传达设计意图以帮助推销创意，重要的是可以在过程的早期阶段做出更好的设计决策。对比传统设计过程，Stratasys J850 3D 打印机可将设计师建模时间缩短 50%。

第二，设计装备更优。相对于传统的 3D 打印机，Stratasys J850 3D 打印机有五个优点：其一，利用 PANTONE 颜色、固体涂层和 SkinTones，并通过 3D 打印提高原型的颜色保真度；其二，利用多材料打印功能，在单次打印中实现全彩、透明和类橡胶柔性的完美组合；其三，利用超高速模式可大大增加设计迭代速度，并提升打印概念模型的速度；其四，重新设计的材料盒可减少打印缺陷并将树脂浪费减少一半，从而提高打印效率；其五，增大的材料容量和附加材料通道可减少停机时间，并提供与 J750 相同的可靠性和可重复性。

第三，设计可能更多。在设计方面，Stratasys J850 3D 打印机没有设计限制，可使用全新的玻璃状材料（VeroUltraClear）尝试各种设计，还能自由地设计全彩 3D 形状的内饰、非常薄的零件（0.2 mm）、文本和纹理、潘通颜色等。此外，使用 Stratasys J850 的高级功能还可将概念变为现实，如使用 Vero Ultra Clear 材料、出色的图像和颜色质量、清晰的文本和超精致的细节进行屏幕建模。与传统产品制造工艺技术相比，Stratasys J850 3D 打印机提高了设计作品的精准度，同时缩短了周期，降低了成本。由此可知，3D 打印机能够完美呈现设计师的想象力，未来 3D 打印技术的不断发展将为设计师的设计之路注入前所未有的活力。

（二）桌面级设备

桌面级设备可以 Stratasys J55 3D 打印机为例，它是一款小型的轻量级 3D 打印机。其定位为办公室友好型、经济又高效的低成本商用 3D 打印解决方案和教育教学用机。这款打印机可以同时打印 7 种材料，可以将常用的树脂材料同时载入打印机中，避免因更换材料而浪费时间。Stratasys J55 3D 打印机可以使用超高速初稿模式快速准确地打印出每个设计方案，从而加快设计初期进展，并为接下来的设计细化过程留出更多时间。这种快捷的工作流程能为医疗和教育领域提供便利。在开发医疗产品的过程中，制造商可以通过这项技术加快设计过程，从而缩短产品进入临床试验所需时间。而在世界各地的教室和大学里，学生利用这项技术，仅需几天时间，而不是几周，就可以完成相关产品的测试并发现问题。Stratasys J55 3D 打印机的技术参数见表 4-2。

表 4-2 Stratasys J55 3D 打印机的技术参数

模型材料	Vero Cyan VTM、Vero Magenta VTM、Vero Yellow VTM、Vero Pure White TM、Vero Black Plus TM、Vero Clear TM、Draft Grey TM
支撑材料	SUP710TM
构建尺寸／打印面积	最大为 1.174 cm^2
层厚度	横向打印层最薄为 18 μm
网络连接	LAN-TCP/IP
系统尺寸和质量	651 mm × 661 mm × 1 551 mm；228 kg
操作条件	温度为 18 ～ 25 ℃；相对湿度为 30% ～ 70%（非冷凝）

表 4-2（续）

电源要求	100 ～ 120 V 交流电、50 ～ 60 Hz、6 A、单相； 220 ～ 240 V 交流电、50 ～ 60 Hz、3 A、单相
合规性	CE、FCC、EAC
软件	Grab CAD Print
打印模式	高质量速度（HQS）-18.75 μm
精度	与 STL 尺寸的偏差，对使用硬质材料打印的模型，在 1 Sigma（67%）的统计学范围内，基于尺寸：小于 100 mm ～ ±150 μm；大于 100 mm ～零件长度的 ±0.15% 与 STL 尺寸的偏差，对使用硬质材料打印的模型，在 2 Sigma（95%）的统计学范围内，基于尺寸：小于 100 mm ～ ±180 μm；大于 100 mm ～零件长度的 ±0.2%

与 J8 系列机型相比，Stratasys J55 3D 打印机拥有高分辨率 3D 打印、良好的打印速度和多种材料支持，并且支持全彩 3D 打印。它的全彩经过潘通认证，实现 47.8 万色阶，并且可同时使用 5 种材料。它采用旋转的打印平台和固定的打印头，简化了系统维护且提升可靠性。Stratasys J55 3D 打印机的静音效果与家用冰箱类似，运行时不到 53 db，并集成了 ProAero 过滤系统，可实现无味和干净的气体循环。另外，它的定价相比 PolyJet J8 系列大大降低，拉低了 PolyJet 技术的应用门槛。Stratasys J55 3D 打印机的主要应用是视觉原型的生产，且在形状、颜色和纹理上类似于最终产品，可以模拟各种材料表面纹理以获得最佳效果，包括木材、皮革或织物。这项功能对设计人员来说非常有价值，可以向用户展示新产品的外观和触感，无须采用批量生产或复杂的原型制造。为了简化工作流程，Stratasys J55 系统支持 Grab CAD Print 软件且可以导入常见的 CAD 文件和 3MF 格式文件，无缝地对接多种三维设计软件。

（三）设备操作

1. 标准穿戴

PolyJet 成型技术所使用的材料为光敏树脂材料，因此设备所处环境中有大量的光敏树脂气味，这些光敏树脂有轻微毒性，所以在操作设备前需要进行安全穿戴，保证操作者人身安全。一般在操作时需要穿戴的护具有口罩和手套。

2. 初始化操作

初始化指的是 PolyJet 设备的复位操作，在平时的操作中，出于一些原因，设备零部件的位置会发生改变。为了使设备重新校准位置，所以需要对设备进行初始化操作，以便于后续的打印操作。一般来说，PolyJet 设备初始化流程为成型平台复位 - 喷头复位 - 舱门复位。

3. 机器调试

第一，清理成型平台：酒精倒在擦油纸上；用纸在成型托盘上来回擦拭。

第二，清理废料收集器：酒精倒在清洁布上；擦拭废料收集器。

第三，材料选择：材料一般有 Vero Yellow、Vero Clear、Vero Cyan、Vero Mgnt、Vero Pure White、Tango+ 和 SUP706，需要时根据具体用途来挑选即可。

第四，材料装卸：在软件中点击换料按钮；抽出料仓中需要更换的材料盒；插入指定的材料盒；软件中点击更换材料。

第五，材料测试：将一张粉红色的 A4 纸放置在喷头前面；在软件中按 F3 运行测试程序；喷头在 A4 纸上喷射材料；取出 A4 纸并观察喷射效果；打印样条要均匀没有断。

4. 喷头调节

首先，做好喷头调节准备。第一步，启动命令。在控制软件中点击"Options"，再选择"Wizards"，然后点击"Clening"。第二步，清理操作。启动命令后，网板将自动下降，喷头将移动到成型平台上方，此时将舱门打开，把一面镜子放置在喷头下方。

其次，做好喷头清理及复位工作。第一步，清理喷头。清理喷头前先穿戴好手套，并将酒精倒在清洁布上。喷头清理操作流程：手握清洁布，以来回移动的方式清理孔板，通过镜子观察是否清洗干净；对整个滚筒表面进行清理，方法是边旋转滚筒边进行清理。第二步，复位喷头。将镜子从成型平台上取走；关闭舱门；在软件中将方块全部打钩，点击下一步。这样，设备的喷头将自动复位，成型平台将升至初始高度。

第五节　薄材叠层制造 3D 打印技术

薄材叠层制造 3D 打印技术又叫分层实体制造法（Laminated Object Manufac-turing，LOM），最初由美国 Helisys 公司的工程师 Michael Feygin 于 1986 年研制成功。后来由于技术合作被引进中国，目前，国内南京紫金主德电子有限公司拥有该技术核心专利。这使得 LOM 技术成为众多 RP 技术中唯一由中国企业掌握的关键技术，基于该技术的商业 3D 打印机也于 2010 年成功推出。当前，LOM 技术在电子、通信、汽车、国防、航空、航天等领域都取得了重大应用成果。

一、薄材叠层制造 3D 打印工艺原理

薄材叠层制造 3D 打印技术工作原理：首先由计算机接受 STL 格式的三维数字模型，并沿垂直方向进行切片得到模型横截面数据；由模型截面数据，生成截面轮廓的轨迹，并生成激光束扫描切割控制指令；材料送进机构将原材料（底面涂敷有热熔胶的纸或塑料薄膜）送至工作区域上方；热压粘贴机构将热压滚筒滚过材料，使材料上下黏合在一起；激光切割系统在计算机控制下，根据模型的切片横截面轮廓的切割轨迹，在材料上表面切割出轮廓线，同时将非模型实体区切割成网格，这是为了在成型件后处理时轻松地剔除废料而将非模型实体区切割成小碎块；支承成型件的可升降工作台，在每层模型截面轮廓切割完后下降一个材料厚度（通常为 0.1 ~ 0.2 mm），材料传送机构将材料送至工作区域，一个工作循环完成。接着依次重复上述工作循环，直至最终形成三维实体零件。

二、薄材叠层制造 3D 打印控制系统

LOM 系统主要由切割系统、升降系统、加热系统以及原料供应与回收系统等组成。其中，切割系统采用大功率激光器。在 LOM 系统工作时，首先在工作台上制作基底，工作台下降，将送纸辊筒送进纸材，工作台回升，热压辊筒滚压

背面涂有热熔胶的纸材，将当前叠层与原来制作好的叠层或基底粘贴在一起，切片软件根据模型当前层面的轮廓控制激光器进行层面切割，逐层制作；当全部叠层制作完毕后，再将多余废料去除。

（一）切割系统

轮廓切割可采用二氧化碳激光或刻刀。激光切割的特点是能量集中，切割速度快；但有烟，有污染，光路调整要求高。刻刀切割轮廓的特点是没有污染、安全，该系统适合在办公室环境工作。

LOM 激光切割就是利用经聚焦的高功率密度激光束照射工件，使被照射的材料迅速熔化、汽化、烧蚀或达到燃点，同时借助与光束同轴的高速气流吹走熔融物质，将工件割开。

采用刻刀切割的 LOM 切割系统由惯性旋转刻刀及其刀套、刀架和 X-Y 运动定位系统组成。刻刀的材料、角度参数、偏心距、刻刀能否灵活旋转等对切割性能和制件质量产生影响。刻刀径向为轴承固定，上端是具有轴向定位功能的微型精密三珠轴承，下端是微型滚动轴承。刻刀的轴向通过三珠轴承和磁铁的引力来固定。这种切割方式比激光切割更具优势：降低了设备成本；无须考虑光斑补偿问题；刻刀的切割控制简单；取消了激光器，也就消除了激光切割燃烧汽化产生的异味气体对环境和操作人员造成的影响。

（二）工作台

工作台一般以悬臂形式通过位于一侧的两个导向柱导向，有利于装纸、卸原型以及进行各种调整等操作。用于导向的两根导向柱由直线滚动导轨副实现。工作台与直线导轨副的滑块相连接。为实现工作台的垂直运动，由伺服电动机驱动滚珠丝杠转动，再由安装在工作台上的滚珠螺母使工作台升降。

较早的工作台设计采用了双层平台结构，将 X-Y 扫描定位机构和热压机构分别安装在两个不同高度的平台上。这种设计避免 X-Y 定位机构和热压装置的运动干涉，同时使设备总体尺寸不至过大。目前，大多数叠层实体制造成型机都采用双层平台结构。双层平台中的上层平台称扫描平台，在上面安装 X-Y 扫描定位机构以及 CO_2 激光器和光束反射镜等，可使从激光光源到最后聚焦镜的整个光学系统都在一个平台上，提高了光路的稳定性和抗振性。下层平台称为基准平台，在上面安装热压机构和导纸辊，同时它还连接扫描平台和升降台 Z 轴导轨，是整个设备的平面基准。它上面有较大的平面面积，可以作为装配时的测量基准。

（三）加热系统

加热系统的作用主要是将当前层的涂有热熔胶的纸与前一层被切割后的纸加热，并通过热压辊的碾压作用使它们黏结在一起，即每当送纸机构送入新的一层纸后，热压辊就应往返碾压一次。

LOM工艺的加热系统按照其结构来划分，通常有辊筒式和平板式两种。辊筒式加热系统由空心辊筒和置于其中的电阻式红外加热管组成，用非接触式远红外测温计测量辊筒表面的温度，由温控器进行闭环温度控制。这种加热系统的优点在于，辊筒在工作过程中对原材料只施加很小的侧向力，不易使原材料发生错位或滑移，不易将熔化的黏结剂挤压至网格块的切割侧面而影响剥离。其缺点在于，辊筒与原材料之间为线接触，接触面过小导致传热效率低，因此所需的加热功率较大。一般来说，辊筒的设定温度应大大高于原材料上的黏结剂的熔点。为实现加热功能，压辊采用钢质空心管，管道内部装有加热棒，使辊加热。平板式加热系统由加压板和电阻式加热板组成，用热电偶测量加压板的温度，由温控器进行闭环温度控制。这种加热系统的优点在于：结构简单，加压板与原材料之间为面接触，传热效率高，因此所需加热功率较小，加压板相对成型材料的移动速度可以比较高。其缺点在于：加压板在工作过程中对原材料施加的侧向力比筒式大，可能使原材料发生错位或滑移，并将熔化的黏结剂挤压至网格块的切割侧面而影响剥离。

（四）原料供应与回收系统

原料供应系统（送纸装置）的作用是，当激光束对当前层的纸完成扫描切割，且工作台向下移动一定的距离后，将新一层的纸送入工作台，以便进行新的黏结和切割。其工作原理如下：送纸辊在电动机的驱动下顺时针转动，带动纸行走，达到送纸的目的；当热压辊对纸进行碾压或激光束对纸进行切割时，送纸辊停止旋转；当完成对当前层纸的切割，且工作台向下移动一定的距离后，送纸辊转动，实现送纸。

LOM回收系统就是收纸辊，其工作原理是电动机通过锥齿轮副驱动收纸辊轴旋转，实现收纸。由于收纸辊部件要安放在成型机内，为便于取纸，故将收纸辊部分安装在了导轨上，而且部分导轨可以折叠，以便使整个收纸辊部件位于设备的机壳内部。在收纸辊机构的每一个支撑立板上安装有两个轴承，收纸辊轴直接放在轴承上，以便卸纸。

三、薄材叠层制造 3D 打印技术的特点

薄材叠层制造 3D 打印技术有三大优点：由于只需要使激光束沿着物体的轮廓进行切割，无须扫描整个断面，所以这是一个快速原型工艺，常用于加工内部结构简单的大型零件；无须设计和构建支撑结构；材料成本是所有打印技术中最低的一种，打印所用的材料可以为常见的 A4 纸。

当然，这种技术也存在缺点：其一，需要专门的实验室环境，维护费用高昂；其二，可实际应用的原材料种类较少，目前常用的只有纸，其他箔材尚在研制开发中；其三，在打印完成后，最终的模型以外的部分被激光切成碎片，无法重复利用；其四，纸质零件很容易吸潮，必须立即进行后续处理、上漆；其五，不宜构建内部结构复杂的零件，也就是说仅限于结构简单的零件；其六，当加工室的温度过高时常有火灾发生，因此工作过程中需要专职人员值守。

四、薄材叠层制造 3D 打印常见材料

薄材叠层制造 3D 打印工艺的材料涉及三个方面：薄层材料、黏结剂和涂布工艺。薄层材料可分为纸、塑料薄膜、金属箔等。目前的叠层实体成型材料中的薄层材料多为纸材，而黏结剂一般为热熔胶。纸材料的选取、热熔胶的配置及涂布工艺均要从最终成型零件的质量及成本出发，下面就纸的性能、热熔胶的要求及涂布工艺进行简要的介绍。

首先，选取纸材料时需要考虑多个方面的因素，包括稳定性、抗湿性、浸润性、抗拉强度、光滑程度、打磨性、收缩率和剥离性。

其次，对热熔胶的要求一般有四点：良好的热熔冷固性（70 ～ 100 ℃开始熔化，室温下固化）；在反复"熔融–固体"条件下，具有较好的物理化学稳定性；熔融状态下与纸具有较好的涂挂性和涂匀性；与纸具有足够的黏结强度，良好的废料分离性能。

最后，选择涂布工艺时，需要考虑涂布形状和涂布厚度两个方面。涂布形状是指采用均匀式涂布还是非均匀式涂布，其中，均匀式涂布采用狭缝式刮板进行涂布；非均匀式涂布则采用条纹式和颗粒式，这种方式可以减小应力集中，但设备比较贵。涂布厚度是指在纸材上涂多厚的胶。在保证可靠黏结的情况下，尽可

能涂得薄，并注意减少变形、溢胶、错移等情况。

五、薄材叠层制造 3D 打印质量提升

在薄材叠层制造 3D 打印过程中，会出现以下误差：CAD 模型 STL 文件输出造成的误差；切片软件 STL 文件输入设置造成的误差；成型过程的误差，包括不一致的约束、成型功率控制不当、切碎网格尺寸、工艺参数不稳定；设备精度误差，如激光头的运动定位精度、Y 轴与导轨垂直度、Z 轴与工作台面垂直度；成型之后环境变化引起的误差，包括热变形和湿变形。如果能解决上述问题，那么 LOM 的质量必定能得到提升。具体可以采用以下方法。

第一，根据零件形状的复杂程度来进行 STL 转换，在保证成型件形状完整平滑的前提下，尽量避免过高的精度。

第二，将 STL 文件输出精度的取值与对应的原型制作设备上切片软件的精度相匹配。

第三，将精度要求较高的轮廓（如有较高配合精度要求的圆柱、圆孔），尽可能放置在 X-Y 平面，避免模型的成型方向对工件品质（尺寸精度、表面粗糙度、强度等）、材料成本和制作时间产生影响。

第四，在保证易剥离废料、提高成型效率的前提下，根据不同的零件形状尽可能减小网格线长度。

第五，采用新的材料和新的涂胶方法，同时改进后处理方法来控制制件的热湿变形。

第六节　金属 3D 打印技术

金属 3D 打印技术可以直接用于金属零件的快速成型制造，具有广阔的工业应用前景。发展至今，金属 3D 打印技术已经有较多门类，按成型高能量类别来划分，有激光金属 3D 打印技术、电子束增材制造技术、弧焊增材制造技术以及其他金属 3D 打印技术。

一、激光金属 3D 打印技术

激光金属 3D 打印技术分为激光选区熔化成型技术和激光熔覆成型技术，而前者已在本章第三节进行了阐述，因此不再介绍。

激光熔覆成型（Laser Cladding Forming，LCF）技术是一种能够制造全致密金属零件的 3D 打印工艺，典型成型工艺有激光近净成型、直接金属沉积等。相对于 SLM、电子束熔融成型（Electron Beam Melting，EBM）等工艺，激光熔覆成型技术可以制造出更复杂、更大的零件。

LCF 技术是在计算机控制下，根据零件的三维数据模型，利用高能激光束将粉末材料通过"离散 + 堆积"的制造方法实现零件的成型与制造。由于其独特的成型方式，能够解决传统加工中难以解决的问题，同时还能实现各种复杂结构零件的快速、无模具、高性能、全致密近净成型，因此被广泛应用于各领域，是一项有着广泛应用前景的高新技术。

LCF 利用大功率激光作为移动热源，在金属基体上熔出熔池的同时将金属粉末送入，随着热源的离去，金属熔融液凝固形成一条熔覆轨迹。多条熔覆轨迹相互搭接构成一个分层平面，分层平面逐层堆积直至完成整个零件。最终得到的零件只需少量精加工或不需精加工便可以投入使用。

LCF 技术是在快速成型制造技术的基础上发展起来的集机械、光电、材料、计算机、控制等诸多技术于一体的一项新兴综合技术。激光熔覆成型方法与传统制造方法相比，具有成型速度快、材料适用范围广、不须传统夹具与模具、制造柔性高等特点，能够制造出传统加工方式难以加工的零件，因此被广泛应用于汽车、模具制造、航空航天、电子电气、石油化工等行业。

LCF 技术在国外的发展起步较早，美国联合技术公司联合技术研究中心在20 世纪 70 年代就利用激光多层熔覆镍基高温合金粉末的方法直接制备出了满足力学性能要求的镍基高温合金零件，而且获得了相关专利，激光熔覆成型技术由此迅速成为制造装备业的研究热点。在 1989 年，美国正式推出了第一台商业化激光熔覆成型设备。此后，各国纷纷投入此项新技术的研究。美国、日本、德国等传统工业技术强国耗费巨大的人力、物力、财力对该技术进行研究与开发，使得激光熔覆成型技术的发展明显加快，研究内容也日益系统化，在激光熔覆成型理论模型、金属粉末材料制备工艺、成型装备自动化和柔性化、成型过程实时监测与闭环控制等方面取得了重大进展。近年来，国内许多高校和科研机构也对激光熔覆成型技术展开了积极研究，但是由于起步较晚，以及在一些关键技术方面受到限制，从总体上来看，我国在激光熔覆成型数控装备设计与精密制造技术、大功率固体激光器应用技术、激光熔覆成型工艺与成型质量控制、复杂CAD模型的切片处理与成型路径规划以及成型设备的商品化、产业化等方面都与国外先进水平存在一定差距。为了我国制造业及经济社会的发展，必须在激光熔覆成型的核心技术上取得进步和发展。

二、电子束增材制造技术

电子束增材制造技术的主要优势是真空环境成型质量好、能量输入大和沉积速度高等。这种技术根据材料形式和送进方式，可分为基于熔化同步送进丝材的电子束熔丝沉积成型技术（Electron Beam Freeform Fabrication，EBF）和基于预铺粉末的电子束选区熔化技术（Electron Beam Selective Melting，EBSM）。电子束熔丝沉积成型技术适用于大型结构的快速近净成型，逐渐向同轴沉积方向发展，提高沉积过程中的各向扫描自由度和沉积各向一致性。电子束选区熔化技术主要面向高温材料的直接成型，维持更高的成型预热温度，解决难熔难加工材料的成型问题，适合小型复杂结构的精密成型，以及钛合金高效成型和高熔点金属间化合物的成型，已被广泛用于航空航天、汽车及医疗等行业。[①]

（一）电子束熔丝沉积成型技术

电子束熔丝沉积成型的原理是利用真空环境下高能电子束流作为热源，直接作用于工件表面，金属丝材在真空室内被电子束加热熔化，形成熔滴或液桥；真空室底部工作台按预设路径移动，熔滴或液桥沿着预设的路径逐滴进入熔池，熔滴之间紧密相连，形成新的一层；沉积层不断堆积，直至零件完全按照设计的形状成型，得到三维成型制件。

EBF3技术具有成型速度快、保护效果好、材料利用率高、能量转化率高等特点，适合大中型铁合金、铝合金等活性金属零件的成型制造与结构修复。但是，它的技术精度较差，需要后续表面加工，在航空航天、医疗等领域具有很大的潜在应用价值。[②]

---

① 徐国伟.智能制造装备与集成[M].西安：西安电子科技大学出版社，2022：47.
② 陈铮，陈广锋.工程实验平台构建[M].上海：东华大学出版社，2022：256.

电子束熔丝沉积成型技术源于 1995 年，由麻省理工学院的 V.R.Dave、J.E.Matz 和 T.W.Eager 等人提出，是一种用电子束作为热源，熔化金属粉末，进行三维零件快速成型的设想。2001 年，Arcam AB 公司开发了电子束熔化成型技术并投入商业运作，其设备目前已被英国剑桥真空工程研究所、英国华威大学、美国南加州大学等多家研究机构使用，并在航空航天、汽车等领域得到了良好的应用效果。2002 年，美国国家航空航天局兰利研究中心设计出了地面型和轻便型两种成型设备，其中地面型电子束熔丝沉积成型设备用于制造较大尺寸的航天结构件，轻便型设备用于制造小尺寸航天结构件。2004 年，美国西亚基公司开发出了电子束直接成型（Electron Beam Direct Forming）设备，该设备可实现零件的直接成型，沉积速度为 4×106 mm³/h，加工时间和材料损耗分别为传统工艺的 20% 和 5%，与传统工艺相比具有独特的优势。2006 年，中航工业北京航空制造工程研究所开始研究电子束熔丝沉积成型技术，开发了国内首台电子束熔丝沉积成型设备，在丝材高速熔凝、复杂零件路径优化、大型结构变形控制和力学性能调控等技术方面取得较大进展，运用电子束熔丝沉积成型技术研究了 TC4、TA15、TC11、TC18、TC21 等钛合金以及 A100 超高强度钢的熔丝沉积工艺和相应制件的力学性能。此后，该研究所还独立开发出了电子束熔丝沉积成型设备，并已试制出铁合金零件。哈尔滨工业大学在电子束焊机中搭建电子束填丝系统，其中包括送丝平台和电荷耦合器件（CCD）视觉传感系统，根据送丝系统，其中实现了铜钢电子束填丝焊。近年来，EBF3 可采用逐线、逐层堆积的方式制造出成型的零件，其成型速度快、工艺方法灵活、材料利用率高，常被用来解决难加工材料成型及大型复杂金属结构制造的关键技术问题，在航空、航天、汽车、医学等领域具备极大的应用潜力及需求。

（二）电子束选区熔化成型技术

电子束选区熔化成型技术的工作原理与 SLM 技术相似，都是将金属粉末完全熔化凝固成型，主要区别是 SLM 技术的热源是激光，而 EBSM 技术的热源是高能电子束。EBSM 技术在打印之前先铺设好一层粉末，电子束多次快速地扫描粉末层使其预热，被预热的粉末处于轻微烧结而不被熔化的状态，该步骤为 EBSM 技术独有。[1] 采用 SLM 技术成型时预热温度最高为 300 ℃，而 EBSM 技术采用电子束扫描预热的方法可以使零件在 600 ～ 1200 ℃范围内加工成型。

EBSM 技术的具体成型过程如下：计算机对零件的三维数据进行切片，获得

---

[1] 张嘉振 . 增材制造与航空应用 [M]. 北京：冶金工业出版社，2020：7.

零件的每一层轮廓信息；铺粉装置在成型平台上铺设一层粉末并压实，打印机在铺设好的粉末床上方选择性地发射电子束，电子的动能转化为热能，选区内的金属粉末经过熔化凝固成型；工作台降低一个层厚的高度，新一层粉末被铺设，电子束在计算机的控制下按照新一层截面轮廓信息进行有选择地熔化；经过层层堆积，直至整个零件完全成型，最后，去除多余的粉末得到所需的三维零件。

与激光增材制造技术（Laser Additive Manufacturing，LAM）相比，电子束选区熔化技术具有四大优点。第一，成型效率高。电子束可以很容易实现大功率输出，可以在较高功率下达到很高的沉积速率。第二，真空环境有利于零件的保护。电子束熔丝沉积成型在 10^{-3} Pa 真空环境中进行，能有效避免空气中有害杂质（氧、氮、氢等）在高温状态下混入金属零件，非常适合钛、铝等活性金属的加工。第三，内部质量好。电子束是"体"热源，熔池相对较深，能够消除层间未熔合现象；同时，利用电子束扫描对熔池进行旋转搅拌，可以明显减少气孔等缺陷。第四，加工材料范围广。电子束能量密度很高，可使任何材料瞬时熔化、汽化且机械力的作用极小，不易产生变形以及应力积累。当然，EBSM 技术也存在一定的劣势，主要表现在：预热后的金属粉末处于轻微烧结状态，成型结束后多余的粉末需要采用喷砂等工艺才能去除，复杂造型内部的粉末可能会难以去除；由于需要额外的系统设备以制造真空工作环境，因此设备庞大；成型零件的表面粗糙度高于 SLM。

成立于 1997 年的瑞典 Arcam 公司是全球最早开展 EBSM 成型装备研究和商业化开发的机构。该公司成立的基础是 Larson 等人在 1994 年申请的采用粉床选区熔化技术直接制备金属零件的国际专利 WO94/26446，成型时粉末的熔化是通过电极和导电粉末之间电弧放电产生的热量实现的。1995 年，美国麻省理工学院 Dave 等人提出利用电子束做能量源将金属熔化进行三维制造的设想。2001 年，Arcam 公司在粉末床上将电子束作为能量源，申请了国际专利 WO01/81031，并在 2002 年制备出 EBSM 技术的原型机 Beta 机器，2003 年推出了全球第一台真正意义上的商业化 EBSM 装备 EBM-S12，随后又陆续推出了各种不同型号的 EBSM 成型装备。目前，Arcam 公司商业化 EBSM 成型装备最大成型尺寸为 200 mm×200 mm×350 mm 或 350 mm×380 mm，铺粉厚度从 100 μm 缩减至现在的 50～70μm，电子枪功率为 3 kW，电子束聚焦尺寸为 200 μm，最大扫描速度为 8 000 m/s，熔化扫描速度为 10～100 m/s，零件成型精度为 ±0.3 mm。除了 Arcam 公司，德国奥格斯堡 IWB 应用中心和我国清华大学、西北有色金属研究院、上海交通大学也开展了 EBSM 成型装备的研制。特别是在 Arcam 公司推出 EBM-S12 的同时，2004 年清华大学林峰教授申请了我国最早的 EBSM 成型装备专利 200410009948.X，并在传统电子束焊机的基础上开发出了国内第一台实验室用 SEBM 成型装备，成型空间为 150 mm × 100 mm。2007 年，西北有色金属研究院联合清华大学成功开发了针对钛合金的 EBSM-250 成型装备，最大成型尺寸为 230 mm × 230 mm × 250 mm，层厚为 100 ～ 300 μm，功率为 3 kW，光斑尺寸为 200 μm，熔化扫描速度是 10 ～ 100 m/s，零件成型精度为 ±1 mm。随后针对 EBSM 送铺粉装置进行了改进，实现了高精度超薄层铺粉，并针对电子束的动态聚焦和扫描偏转开展了大量的工作，开发了拥有自主知识产权的试验用装备 SEBM-S1，铺粉厚度在 50 ～ 200 μm 可调，功率为 3 kW，斑点尺寸为 200 μm，跳扫速度为 8 000 m/s，熔化扫描速度为 10 ～ 100 m/s，成型精度为 ±1 mm，适合于各种粉末，并可以使用较少量的粉末（5 kg 钛合金粉末）。

三、弧焊增材制造技术

弧焊增材制造技术，也称为电弧增材制造（Wire Arc Additive Manufacturing，WAAM）技术，是一种以电弧作为热源的金属 3D 打印技术，其成型设备简单且设备成本低，材料利用率及成型过程的沉积效率较高，适合大尺寸构件的快速成型加工。电弧增材成型路径按预先设定的成型路径在底板上沉积熔融的金属，以类似于堆焊的原理和过程逐层累积，最终得到预定形状和结构的金属零部件。WAAM 技术为金属零件的直接制造提供了低成本、高效率的研究和设计思路。同前文所述的激光与电子束增材制造技术类似，WAAM 技术在成型过程中，同样是以高温液态金属的熔滴过渡的方式进行的，且随着堆积层数的增加（如果为了提高效率，层间间隔时间一般会设定得较短），堆积零件热积累严重，金属构件的散热方式会逐渐改变至不利于散热，进而导致散热速率低，金属熔池在过热的状态下，熔融金属难以凝固，堆积层形状难以控制，如黏度较小的金属会在狭窄的熔池范围内流动，特别是在零件边缘堆积时，零件侧壁会不时地出现金属熔滴，显现凹凸不平的形貌，使得边缘形态与成型尺寸的控制变得更加困难，这些都会直接影响零件的冶金结合强度、堆积尺寸精度和表面质量。因此，成型形貌的控制是金属零件弧焊增材制造技术的主要应用瓶颈之一。

WAAM 技术主要包含以下三种技术。第一，等离子弧增材。它的基本原理是利用等离子弧焊热源，熔化金属基体（或前层熔积金属）和金属填充材料，由计算机控制三维运动机构和变位机，控制等离子弧沿预先设定的层积路径进行运动轨迹扫描，形成移动的金属熔池。每完成一层熔敷，焊枪根据每层的熔敷厚度上升一定距离，熔融金属经过逐层熔敷形成所需的金属零件。等离子弧增材制造技术主要有以下特点：设备成本低，运行维护简单；对工作环境要求较低，可适应于一般的工厂环境；易于实现自动化。第二，非熔化极气体保护焊（TIG 增材）。

目前，TIG 增材使用较多的是数控机床和机器人：数控机床多用于形状简单、尺寸较大的大型构件成型；机器人具有更多的运动自由度，与数控变位机配合，在成型复杂结构及形状上更具优势，但基于 TIG 的侧向填丝电弧增材制造因丝与弧非同轴，如果不能保证送丝与运动方向的相位关系，高自由度的机器人可能并不适合，所以机器人多与 MIG/MAG、CMT、TOP-TIG 等丝弧同轴的焊接电源配合搭建电弧增材成型平台。第三，冷金属过渡焊接（CMT 增材）。冷金属过渡就是焊接熔滴的过渡过程没有加热，通过回抽焊丝来实现熔滴分离，是数字控制方式下的短电弧和焊丝的换向送丝监控。其中的换向送丝系统由前、后两套协同工作的焊丝输送机构组成，从而使焊丝的输送过程呈间断送丝。

CMT 增材的基本原理如下：数字式焊接控制系统获知电弧生成的开始时间，自动降低焊接电流，直到电弧熄灭，并调节中脉冲式的焊丝输送，这种脉冲式焊丝输送有效改善了焊丝熔滴的过渡；在熔滴从焊丝上滴落之后，数字控制系统再次提高焊接电流，并进一步将焊丝向前送出；之后，重新生成焊接电弧，开始新一轮的焊接过程。这种"冷-热"之间的交替变化大大降低了焊接热的产生，并减少了焊接热在被焊接件中的传导。此外，还可实现多种功能：可正确地设置熔滴的参数，实现更好的焊缝厚度过渡，并具有很高的焊接速度且不产生任何飞溅。

四、其他金属 3D 打印技术

（一）FDM 金属 3D 打印

在 2018 与 2019 年的 TCT 展会上，德国巴斯夫和 Apium 厂商推出了 FDM 金属 3D 打印解决方案：用熔丝金属成型替代粉末的一种低成本解决方案，技术的关键优势之一是仅消耗制造（或构建）的零件所需的材料量。国内佛山亘易隆科技和深圳森工科技也推出了类似 FDM 金属打印机，支持用金属丝材料。

FDM 金属 3D 打印又称 FDM 熔丝金属成型，是一种结合金属注射成型工艺

（Metal Injection Molding，MIM）[①]的 3D 打印技术，它类似于 FDM（熔融沉积成型），只不过材料不是塑料，而是金属线材。FDM 金属 3D 打印技术与常见的 SLM（激光选区熔化）不同，不会用到激光器，使用的材料也不是粉末。这种技术是将金属材料与黏结剂预先制成丝材，通过 3D 打印机直接打印成型为毛坯，再经过脱脂和烧结就可以得到金属产品。FDM 金属 3D 打印技术结合了设计的灵活性和精密金属的高强度和整体性，是实现极度复杂几何部件的低成本解决方案，特别适合小批量的金属产品制造。

FDM 工艺实现金属 3D 打印的流程如下。第一，拉丝。把金属粉末（如不锈钢 316）与黏结材料（多为某种聚合物，如树脂）充分混合，拉丝成为线材。第二，打印成型。使用 FDM 3D 打印机将线材层层叠加成型，得到初步的金属制件。第三，脱脂。将金属制件加热以脱脂，把大部分黏结材料蒸发掉（此时制件会缩小），一些残留的黏结材料将它们松散地结合在一起。第四，烧结。高温烧结，去除所有的黏结材料，制件进一步收缩成一个牢固的最终产品。烧结后的金属件和刚打印成型的金属件相比，尺寸收缩 15% ～ 17%，质量降为 80%。[②]

（二）金属微滴 3D 打印

金属微滴 3D 打印技术是一种融合了熔滴按需喷射、快速原型和快速凝固技术，以"原材料逐层堆积"为成型思路的一种新型金属零件直接制造方法。该技术的原理如下：在保护环境中，金属微滴喷射器可喷射出尺寸均匀的金属微滴，然后精准地控制这些均匀微滴在运动平台上进行逐点、逐层堆积，同时控制运动平台的运动轨迹，以制成具有复杂形状的三维实体金属零件。

微滴在成型零件的过程中，直接依靠熔滴自身的热量与基体在结合界面处发生局部重熔，实现熔滴间的冶金结合。由于熔滴直径较小，其冷却与凝固速度较快，因此成型零件的组织较为细小均匀，以有效提高成型制件的力学性能。该技术具有喷射材料范围广、自由成型和无须昂贵专用设备等优点，在微小复杂金属件制备、电路打印与电子封装以及结构功能一体化零件制造等领域具有广阔的应用前景。

金属液滴喷射技术可以分为连续式喷射（Continuous-Ink-Jet，CIJ）和按需

---

① 金属注射成型技术是将注塑成型技术引入到粉末冶金领域而形成的一种全新的零部件加工技术，其基本的工艺步骤是：首先选取符合 MIM 要求的金属粉末和黏结剂，然后在一定温度下采用适当的方法将粉末和黏结剂混合成均匀的喂料，经制粒后再注射成型，获得成型坯，再经过脱脂处理后烧结致密成为最终成品。

② 王迪，杨永强 . 3D 打印技术与应用 [M]. 广州：华南理工大学出版社，2020：110.

式喷射（Drop-On-Demand，DOD）两种。CIJ 是在持续压力的作用下，使喷射腔内的流体经过喷孔形成毛细射流，并在激振器的作用下断裂成为均匀液滴流。DOD 是利用激振器在需要时产生压力脉冲，改变腔内熔体体积，迫使流体内部产生瞬间的速度和压力变化，驱使单颗熔滴形成。DOD 相比 CIJ 具有喷射频率高、单颗熔滴飞行沉积行为不易控制的特点。DOD 中，一个脉冲仅对应一颗熔滴，因而具有喷射精确可控的优点，但喷射速度远低于连续式喷射。

目前，金属微滴 3D 打印技术的应用主要集中在两个方面。一方面是金属件直接成型。微滴射技术产生的金属熔滴尺寸均匀、飞行速度相近，通过对工艺参数的有效控制，可以实现沉积制作形状和内部组织控制，因此在复杂金属件直接成型方面具有独特优势。加州大学 Orme 等率先将金属微滴连续喷射技术应用于铝合金管件的直接成型，其内部晶粒尺寸均匀细小，抗拉强度、屈服强度与铸态相比，提高了约 30%。另一方面是电子封装 / 电路打印。连续式微滴喷射技术可高效率制备均匀细小金属颗粒，但是由于其不能按需产生液滴，所以多用于焊接制备和简单形状的电路打印。按需式喷射技术可实现微滴定点沉积，因此在焊接打印、电子封装、复杂结构电路打印方面更具优势，美国 Microfab 公司已实现焊点打印商业化应用。2019 年 8 月下旬，武汉易制科技发布中国首款实现高速金属 3D 打印的微滴喷射金属 3D 打印机。

（三）纳米颗粒喷射成型

2016 年，在德国法兰克福市举办的"2016 年法兰克福国际精密成型及 3D 打印制造展览会"上，以色列 XJet 公司展示了首创的可喷射纳米颗粒材料的金属 3D 打印系统。使用这种技术，可以产生含有纳米级金属颗粒或一些起支撑作用的纳米级颗粒的一个非常薄层的液滴，将这些颗粒材料沉积在这套系统的构件托盘上，能制作出具有极高的细节层次和表面光洁度的高质量零件产品。使用这种技术生产的金属零件具有易用性和通用性，并且不降低生产速度。这种设备打印用的金属墨被装在一个封闭的盒中，不必直接处理金属粉末。在系统内零件构造部位区域，极高的温度可使包覆在纳米颗粒周围的液体蒸发，产生的效果与传统的金属零件制造方法的冶金学原理一样，零件的制造经历了一个烧结过程，在烧结完成后，只需要将零件从支撑材料上移开即可，工艺过程几乎不需要人为干预。

纳米颗粒喷射成型技术的具体流程如下。第一，彻底粉碎。3D 打印机将大分子金属颗粒粉碎成纳米级颗粒。第二，注入墨水。液态金属材料由纳米级金属颗粒和特殊黏结墨水两部分组成。粉碎后的金属颗粒会注入 XJet 研发的黏结墨水中，金属不会在墨水中融化，而是形成悬浮物充满整个腔体。第三，挤出液态混合物，固化成型，打印产品。

纳米颗粒喷射技术使用了一种独特的支撑材料，该材料无须通过任何手工或者机械方式即可去除。此前，基于粉末床熔融的大部分技术一个主要问题是昂贵的材料经常被以支撑的形式浪费掉了，而且需要去除支撑。纳米颗粒喷射技术则使用了一种单独的材料作为支撑，该材料会通过一种专门的工艺被熔融掉。由此，XJet 可以为金属 3D 打印部件提供无与伦比的壁厚支持，从而使设计师在设计几何形状时获得更大的自由。另外，XJet 的纳米颗粒喷射技术是可扩展的。

除了打印金属材料，纳米颗粒喷射技术也能用同样的原理 3D 打印出陶瓷零件。打印机一层层地喷射含有陶瓷纳米颗粒的液滴。随后，构建室内的极高温度会导致液体蒸发，从而迫使陶瓷纳米粒形成一个真正的、高细节度的陶瓷零件。这些零件随后会被烧结，其支撑结构由手动拆除。在陶瓷材料上的突破将允许纳米颗粒喷射技术的应用扩展至牙科、医疗和特定工业领域，鼓励更多的行业选用陶瓷增材制造来生产定制化零件和较大规模地制造小零件。

（四）黏结剂喷射打印

近年来，通过黏结剂喷射工艺进行金属 3D 打印的设备受到了投资者的青睐。从投资市场方面来看，因黏结剂喷射 3D 打印具有高速度、大批量和低成本的优势，大量的投资进入该领域，后起之秀 Desktop Metal、Markforged、Digital Metal 等均是该领域的代表性企业。

黏结剂喷射 3D 打印设备的特点是，打印成型后把未固化的粉末清理掉，得到一个三维实体原型。它可以比粉末床熔融设备（包括激光选区熔化和电子束熔融）速度更快、更便宜。黏结剂喷射 3D 打印设备中的核心技术之一是使用了一种特殊的黏结剂。通过黏结剂喷射系统制造的金属零件，在打印完成后，还将通过热处理烧结工艺进行加工强化。黏结剂喷射工艺类似于传统的 2D 喷墨打印机，是最为贴合"3D 打印"概念的成型技术之一。此技术最早由美国麻省理工学院于 1993 年开发。它将三维软件绘制好的零件图形，通过软件进行切片分层并生成加工代码文件，将这些指令代码文件通过计算机导入打印机，控制喷头用黏结剂将分层好的零件的每一层截面"印刷"在基体粉末原料之上，层层叠加，从下至上，直到把一个零件的所有层打印完毕得到打印坯，并经过一定的后处理（如烧结等）而得到最终的打印制件。

　　黏结剂喷射打印技术具有以下五个优点：加工速度快；设备具有较低的制造成本与运行成本；能够制造彩色零部件；成型材料无味、无毒、无污染、低成本、多品种、高性能；高度柔性，生产过程不受零件的形状结构等因素的限制，能够完成各种复杂形状零件的制造。

　　Desktop Metal 的 DM 生产系统据称是用于批量生产高分辨率金属部件的最快的 3D 打印系统。该系统采用专有的单通道喷射（SPJ）技术，可将金属零件加工速度提高到现有激光金属 3D 打印系统的 100 倍。打印机采用的技术叫作结合金属沉积，与目前金属 3D 打印最常用的激光烧结或电子束熔融均不同，反倒是与最大众化的熔融沉积类似，都是通过挤出液滴再以层层堆积的方式构建 3D 实体，不过所用材料不是塑料，而是金属。打印完成后，金属件还需要经过脱脂和烧结等后处理才能最终完成。而这一步骤用到的设备正是微波烧结炉和脱脂器。这套系统被誉为世界上第一款可用于办公室快速成型应用的友好金属 3D 打印系统。该系统包括 3D 打印机以及微波增强烧结炉，可以在办公环境或工厂车间生产复杂且高品质的金属 3D 打印部件。DM 生产系统采用的单通道喷射技术可以打印精密复杂的几何形状，包括细小的晶格点阵机构，这也使得 Desktop Metal 拥有了与当前普遍采用的粉末床熔化金属 3D 打印技术相比拼的实力。DM 生产系统使制造商显著降低成本，从而使该技术成为铸造工艺的替代技术。

　　当然，黏结剂喷射打印技术也存在一些问题，主要表现在两个方面。首先，成型精度不高。成型精度分为打印精度和烧结等后处理的精度。打印精度主要受喷头距粉末床的高度、喷头的定位精度以及铺粉情况的影响；而在烧结等过程中产生的收缩变形、裂纹与孔隙等都会影响制件的精度与表面质量。其次，制件强度较差。由于采用粉末黏结原理，初始打印坯强度不高，而经过后续烧结的打印制件强度也会受到烧结气氛、烧结温度、升温速率、保温时间等多方面因素的影响，因此确定合适的烧结工艺也是决定打印制件强度的关键所在。

第五章
基于 3D 打印技术的
机械产品创新设计

在科学技术迅速发展的背景下，3D 打印技术作为一种革命性的制造技术，正向各行各业渗透，特别是在机械制造领域的应用日益广泛。3D 打印技术以其独特的增材制造方式，为机械产品设计带来了前所未有的便利以及创新的可能。本章对基于 3D 打印技术的机械产品创新设计展开详尽探索。

第一节　机械产品设计开发与逆向工程研究

一、逆向工程概述

（一）逆向工程的定义

随着社会的发展与科技的进步，消费者对产品的需求已不再局限于使用功能，还要求产品的外观具有个性。对产品外观的塑造逐渐成为增加销量的重要因素，而采用传统的正向设计模式，难以满足消费者对产品外观的要求。在此背景下，逆向工程作为一种与传统设计理念相反的设计方法被提出。

逆向工程技术的思想，最初源于从油泥模型到产品实物的设计过程。20 世纪 90 年代初，逆向工程技术开始受到工业界和学术界的重视。随着现代计算机技术及测试技术的发展，逆向工程技术已成为 CAD/CAM 领域的一个研究热点，并发展为一个相对独立的技术领域。

逆向工程的目的是在生产设计上，通过将产品的实物、模型数字化，再进行模型还原，明确功能特性、技术规格、工艺流程等技术特点，从而进行创新和深化，实现产品的功能、外观等设计要素的突破。

（二）逆向工程的工作流程

1. 数据扫描

数据扫描是指通过特定的测量方法和设备，将物体表面形状转化成几何空间坐标点，从而得到逆向建模以及尺寸评价所需数据的过程，这是逆向工程的第一步，是非常重要的阶段，也是后续工作的基础。数据扫描设备操作的简易程度，数据的准确性、完整性是衡量设备的重要指标，也是保证后续工作高质量完成的重要前提。目前，样件三维数据的获取主要通过三维测量技术来实现，通常采用三坐标测量机（CMM）、三维激光扫描仪、结构光测量仪等来获取样件的三维表面坐标值。数据扫描的精度与扫描软件的精度都具有一定的关系。

2. 数据处理

数据处理的关键技术包括杂点的删除、多视角数据拼合、数据简化、数据填充和数据平滑等，可为曲面重构提供有用的三角面片模型或者特征点、线、面。

（1）杂点的删除

在测量过程中，时常需要一定的支撑或夹具，在非接触光学测量时，会把支撑或夹具扫描进去，这些都属于体外的杂点，需要删除。

（2）多视角数据拼合

不管是接触式测量方法，还是非接触式测量方法，如果希望得到样件表面的全部数据，都须展开多方位扫描，获得不同坐标下的多视角点云。多视角数据拼合就是把不同视角的测量数据对齐到同一坐标下，从而实现多视角数据的合并。数据对齐方式一般有扫描过程中自动对齐和扫描后通过手动注册对齐，如果是扫描过程中自动对齐，一般必须在扫描件表面贴上专用的拼合标记点。数据扫描设备自带的扫描软件一般有多视角数据拼合的功能。

（3）数据简化

当测量数据的密度很高时，光学扫描设备常会采集到几十万、几百万甚至更多的数据点，存在大量的冗余数据，会对后续算法的效率产生不良影响，所以需要根据特定的要求减少数据量。这种减少数据的过程即数据简化。

（4）数据填充

由于被测实物本身的几何拓扑原因或者扫描过程中受到了其他物体的阻挡，部分表面会无法测量，所采集的数字化模型存在数据缺损的现象，因而需要对数据进行填充。例如，某些深孔类零件可能无法测全；此外，在测量过程中常需要一定的支撑或夹具，模型与夹具接触的部分无法获得真实的坐标数据。

（5）数据平滑

实物表面不光滑或者扫描过程中出现一定程度的震动等原因，会导致扫描的数据中涵盖一些噪声点。这些噪声点会对曲面重构的质量产生显著影响。而通过数据平滑处理，能够有效提升数据的光滑程度与曲面重构质量。

3. 模型重构

三维模型重构是在获取了处理好的测量数据后，根据实物样件的特征重构出三维模型的过程。一般有两种重构方法：其一，对于精度要求较低、形面复杂的如玩具、艺术品等的逆向设计，常采用基于三角面片直接建模；其二，对于精度要求较高的、形面复杂产品的逆向开发，常采用拟合 NURBS 或参数曲面建模的方法，以点云为依据，通过构建点、线、面，还原初始三维模型。三维模型的重构是后续处理的关键步骤，设计人员不但要充分掌握软件与逆向造型的方法步骤，而且要明确产品原设计人员的设计思路，接着再联系现实情况予以创新。

4. 模型制造

模型制造可采用快速成型制造技术、数控加工技术、模具制造技术等。快速成型制造是制造技术的一次飞跃，它从成型原理上提出了一个全新的思维模式。这种材料累加成型思想产生以来，研究人员开发出了多种快速成型工艺方法，如光固化成型（SLA）、激光选区烧结（SLS）、分层实体制造（LOM）、熔融沉积制造（FDM）等多达几十种。

逆向工程过程中，首先，实物三维数据的测量是基础，是其余各阶段工作的重要保证，因为测量数据的好坏直接影响到原型 CAD 模型重构的质量。其次，数据处理是关键。从测量设备中所获取的点云数据，不可避免地存在误差和噪声，而且数据量庞大，只有通过数据处理才能提高精度和曲面重构算法的效率。最后，实物的三维 CAD 模型重构是整个过程最关键、最复杂的一环，是后续产品加工制造、工程分析和产品再设计等的基础。[1]

① 陈雪芳，孙春华．逆向工程与快速成型技术应用 [M].3版.北京：机械工业出版社，2020：7.

（三）逆向工程技术的意义

1. 提升设计自由度

产品设计中，最优设计不一定切实可行，主要原因在于产品表面复杂的曲面造型导致设计师无法用传统的方式建立 CAD 模型，从而不得不放弃最佳方案。而随着逆向工程技术的应用，产品的复杂程度和 CAD 模型的创建难度不再相关，设计师可以通过先做实物样件，结合接触式或非接触式扫描的方式来获取 CAD 模型。将逆向工程技术运用于产品设计中能够使设计师专注于产品功能设计，而不必忧虑模型建立的问题，显著减少了对设计师的约束。

2. 缩短设计周期，降低设计成本

如今，缩短产品的设计周期是使产品在激烈的市场竞争中脱颖而出的有效方法。在设计周期内，通常须率先建立计算机的三维模型，而逆向工程技术可以通过扫描模型样件或产品实物并经过适当处理，迅速、便捷地建立 CAD 模型，从而有效缩短建模时间。同时，基于逆向工程的 3D 打印技术使许多细致模型的细节或样件的局部修改都能够借助 3D 打印来实现，从而显著地缩短了建模周期，企业设计成本也明显下降。

3. 消化、吸收先进技术

随着全球化的发展，如何更好地对先进国家的科技成果加以消化吸收，进而发展自己的技术已经成为各行各业的头等大事。先进技术往往涉及商业秘密，像传统正向设计那样，先有产品的图样、获得技术文档、安排工艺等几乎不可能，相比之下，产品实物的获得就容易很多，它也因此成为重要的研究对象。而逆向工程技术提出之初，研究和应用的重点就大多放在外形上。

（四）逆向工程技术的发展趋势

在未来的模型重建方法与检测技术研究中，以下发展趋势值得关注。

1. 高精度化、自动化（计算机数据化）、非接触测量、使用现场化

能否高效、准确地实现实物表面数据采集，直接关系到模型重建的准确性，三坐标测量正成为制造系统的重要组成单元，并在计算机控制下参与到各种测量、计算、数据交换等生产制造环节。目前，基于 CAD 模型的实物测量技术成为研究重点，这种在有 CAD 模型指导的情况下进行测量的技术，消除了测量中

由于人为因素而造成的误差，也提高了效率。

2. 大规模散乱数据处理过程的高精确性和智能化

这是数据预处理技术发展的主要方向，特别是特征提取技术的应用。根据规则设定参数，通过程序控制，自动根据曲率进行特征识别，从散乱点云中提取出关键的点数据，通过对关键点的处理完成模型重构，将显著提升数据处理效率。随着非接触式光学扫描技术应用范围的不断扩大，测量获得的数据量将愈发庞大，高效的数据处理算法便显得非常关键。与此同时，数据预处理方法的选择应该取决于测量数据的后续应用。

3. 原型的色彩和材质信息的处理与识别

针对产品的几何数据逆向，国内外开展了众多富有效果的研究工作，取得了众多具有实用价值的研究成果，这些成果为产品的力学几何设计、模具的制造等工作提供了良好的支持，但对工业设计过程中色彩的运用、材质的选取以及设计图、造型规律的识别则帮助甚少。在原型色彩的识别过程中，色彩模型中单个像素的色彩识别比较容易进行，但由于原型上各点的色彩受拍照时各点所处位置的光线强度影响较大，如何处理光强对色彩识别准确度的影响，目前还是一个难题。此外，如何将色彩识别结果与实际可行的涂料的调配过程结合起来，则是色彩识别过程中的另一个难点。相较于色彩识别过程，材质的识别涉及了像素色彩的识别、材料表面纹理的识别与处理，在具体运用过程中必须联系对原型色彩与表面纹理的识别明确原型使用的材料。而表面纹理识别技术的实现又依赖于图像特征参数的处理与提取。

4. 产品设计目的、造型规律的分析与提取

相较于色彩与材质，工业设计过程中的设计目的和造型规律在更高维度上体现了设计师的设计理念。设计目的与造型规律主要表现为全局性和整体性，这就要求人们在对其进行分析的过程中，所采用的方法要能从原型结构比例、表面曲率分布以及与各类模板对比等宏观、微观多个角度出发来进行分析。这项技术的研究将有助于系列化产品的研究与开发。

5. 曲面重构智能化

根据散乱数据自动重建与被测对象拓扑结构一致的曲面，自动补偿残缺数据，恢复完整真实曲面，保证曲面重建时既能准确反映原始曲面的信息又能提高效率，体现的就是智能化曲面重构。测量数据中包含的几何特征的智能识别和智

能提取，特别是多个子曲面拼合时整体特征的识别更为重要。

6. 集成技术的研究

基于集成的逆向工程技术，包括测量技术、基于特征和集成的模型重建技术、基于网络的协同设计和数字化制造技术等，在现有网络宽带下，它能实现上百万测量点的快速重建和传输曲面模型。[①]

二、逆向工程在机械产品设计开发中的应用领域

作为机械制造业发展的基础内容，逆向工程不仅提供了新兴的建模方式，而且打破了传统制造模式的约束，这对处在革新阶段的机械制造来说十分关键。当下，这一内容已被大范围引用到实践工作中，下面主要从五个方面对其应用及作用进行深层探索。

（一）开发新产品

由于工业设计中有很多外观要求极高的产品内容，如汽车、飞机等，为了保障最终获取产品具备科学性和美观性，机械制造企业要转变传统工作理念，注重结合新时代发展需求开发研制新产品。以飞机为例，企业设计人员在研制几何外形产品时，一般来讲不会直接运用 CAD 进行设计，会先从模型塑造入手，利用泡沫、油泥等材料制作产品的等比例模型，这样既方便审美判断，又能掌握产品外形。设计师可以在此基础上对产品外形进行评估，而后实施风险实验，研究产品是否满足空气动力学等要求，以此逐渐确立最合适的设计制造方案。值得注意的是，这类产品一定要在充分利用逆向工程的情况下，取得三维 CAD 模型与模具，从而在缩减开发研制成本的同时，有效提高实践工作效率。

（二）制作模具

了解以往模具的制造情况可知，设计人员要在多次试冲和修改中得到符合要求的模具。而运用逆向工程技术快速制作模具，可以从两点入手：第一，将样本模具看作产品目标。通过认真测量满足标准的模具，重新构建它的数字模型，并以此为依据实施加工，不仅能提高制作模具的成功率，而且可以控制制作成本支出；第二，将实物看作研制目标。通过逆向测量实物的几何 CAD 模型，并以此

---

① 王涛，张良贵. 逆向工程及 3D 打印技术 [M]. 北京：北京理工大学出版社，2022：12-13.

为依据设计模具，有助于降低制作的失败率。根据实践案例可知，逆向工程技术在改造机械类产品工作中占据着非常重要的位置，同时它也是当下机械制造企业探索的重要方向。

（三）仿制与改型

如今，以实物为基础的逆向工程主要应用在复制和仿制中。尤其是对产品外观设计来说，将逆向工程技术运用到产品开发中，不仅实现了对资源消耗的有效控制，而且提高了工作效率，满足了新时代发展的各项要求。运用数字化技术扫描所选产品后，设计人员可以得到它的 3D 模型，由此重新构建对应模型，就能继续进行产品的复制和仿制。利用 3D 打印技术获取产品原型后，设计师可依据 NC 加工尽快得到对应模具，最终在注塑中获取相同产品。这一过程是现阶段我国大部分企业的生产模式，不但打破了传统生产模式的制约，而且有效降低了资源消耗，使产品设计与生产中的操作变得更加便捷、简单。

（四）还原零件

还原零件是指结合逆向工程技术掌握受损或存在缺陷的零部件的数据信息，在自主研发或设计中，针对不同类型的零部件进行修复和还原工作。由于零部件会受内外因素限制出现损伤，且在测量扫描时会因损坏等因素产生数据误差，所以应用逆向工程时一定要具备判断力和推理力，只有这样才能确保后续工作有序进行。例如，在处理具备对称性、平行垂直等特点的零部件时，工作人员要在掌握这一特性的基础上进行数据加工，这样不仅能减少不必要的资源损耗，而且可以提高零件还原度。

（五）复制工艺品

各个历史时期的文物和精美的艺术品都是珍贵的文化宝藏，因此考古文物保护管理工作的重要性不容忽视。在新时代，行业专家在探索历史发展的同时，也投入了更多时间与精力研究文物保护技术。利用逆向工程技术复制或修复工艺品，不仅可以有效传承我国传统优秀文化，而且可以拓展我国的文化资源。以某大师手工制作的茶壶为例，由于这类艺术品属于孤品，因而不适合在市场上进行推广，但运用逆向工程技术对其展开数字化扫描，可以在获得三维数据模型的前提下，对其进行复制与创新，以此为市场推广提供有效依据。

三、机械产品创新设计方法——逆向设计方法

（一）机械设备的逆向设计

1. 机械设备逆向设计的类型

机械设备的逆向设计因存在具体的机器实物，又称实物的逆向设计，也有人称硬件的逆向设计，是逆向工程中最常用的设计方法。根据逆向的目的，机械设备逆向设计可分为如下三种。

（1）整机的逆向

整机的逆向是指对整台机械设备进行逆向设计，如一台发动机、一辆汽车、一台机车、一台机床、整套设备中的某一设备等。一些发展中国家在经济起步阶段常用这种方法，以加快工业发展的速度。

（2）部件逆向

部件逆向是指，逆向对象是机械装置中的某一些部件，如机床中的主轴箱、汽车中的后桥、内燃机车中的液力变矩器、飞机中的起落架等组件。逆向部件一般是机械中的重点或关键部件，也是各国进行技术控制的部件。例如，空调、电冰箱中的压缩机，就是产品的关键部件。

（3）零件逆向

逆向对象是机械中的某些零件，如发动机中的凸轮轴、汽车后桥中的圆锥齿轮、滚动轴承中的滚动体等零件。逆向的零件一般是机械中的关键零件，如发动机中的凸轮轴，一直是发动机逆向设计的重点。

采用何种逆向实物，完全由技术引入国的引入意图、需求、生产水平、科技水平、经济水平决定。

2. 机械设备逆向设计的主要内容

（1）零部件的测绘与分析

在正式测绘以前，应当将相关资源准备齐全，并充分把握资料的含义，做好逆向设计的前期工作。例如，产品说明书、维修手册、同类产品样本及产品广告等。还要收集与测绘有关的资料，如机器的装配与分解方法、零件的公差及测量、典型零件（齿轮、轴承、螺纹、花键、弹簧等）的画法、标准件的有关资料、制图及国家标准等资料。同时，在进行零部件的测绘之前，首先要明确待逆

向设备中各零部件的功能，这是测绘过程中进行分析的不可缺少的内容。

（2）公差的逆向设计

机械零件的尺寸公差的优劣，对部件的装配与整机的工作性能产生着直接的影响。在逆向设计过程中，由于零件的公差是无法测量的，尺寸公差只可以利用逆向设计得以解决。

（3）机械零件材料的逆向设计

机械零件材料的选择与热处理方法直接影响到零件的强度、刚度、寿命、可靠性等指标，材料的选择是机械设计中的重要问题，主要涉及材料的成分分析、材料的组织结构分析、材料的硬度分析等内容。

（4）关键零件的逆向设计

任何机器中都具备一些关键零件，这是生产商需要控制的技术，也是逆向的重难点。在开展逆向设计时，需要找到这些关键零件，如发动机中的凸轮轴、纺织机械中的打纬凸轮、高速机械中的轴承、重型减速器中的齿轮等都是逆向设计中的关键零件，特别是高速凸轮的逆向，要把实测的凸轮廓线坐标值拟合为若干段光滑曲线，而且要和其运动规律相一致，难度很大，因此，发动机厂家都把凸轮作为发动机的垄断技术。对机械中关键零件的逆向成功，技术上就有突破，就会有创新。不同的机械设备存在迥异的关键零件，应当根据具体情况明确关键零件，此外，关键零件的逆向要求设计人员具备深厚的专业知识与精湛的技术。

（5）机构系统的逆向

根据已有的设备，画出其机构系统的运动简图，对其进行运动分析、动力分析及性能分析，并根据分析结果改进机构系统的运动简图，称之为反设计。机构系统的逆向设计就属此类，它是逆向设计中的重要创新手段。进行机构系统的逆向时，要注意产品的设计策略逆向，一般情况下，产品的逆向设计策略如下：①功能不变，降低成本。②增加功能，降低成本。③增加功能，成本不变。④减少功能，降低更多的成本。⑤增加功能，增加成本。

（二）技术资料的逆向设计

在技术引进过程中，常把引进的机械设备等实物称为硬件引进，而把与产品生产有关的技术图样、产品样本、专利文献、影视图片、设计说明书、操作说明、维修手册等技术文件的引进称为软件引进。硬件引进模式是以应用或扩大生产能力为主要目的，并在此基础上进行仿造、改造或创新设计产品。软件引进模式则是以增强本国的设计、制造、研制能力为主要目的，是为了完成国家建设中亟须的任务。软件引进模式比硬件引进模式更经济，但要求具备现代化的技术条件和高水平的科技人员。

1. 技术资料逆向设计的过程

进行技术资料逆向设计时，其过程大致如下。

①论证对引进技术资料进行逆向设计的必要性。对引进技术资料进行逆向设计要花费大量时间、人力、财力、物力，逆向设计之前，要充分论证引进对象的技术先进性、可操作性、市场预测等内容，否则会导致经济损失。

②根据引进技术资料，论证成功进行逆向设计的可能性。并非全部的引进技术资料都能成功实现逆向设计，所以需要展开论证，避免出现不必要的操作与资源浪费。

③分析原理方案的可行性、技术条件的合理性。

④分析零部件设计的正确性、可加工性。

⑤分析整机的操作、维修是否安全与方便。

⑥分析整机综合性能的优劣。

2. 技术资料逆向设计的类型

技术资料的逆向设计主要涉及以下几种软件逆向设计方法。

（1）图片资料的逆向设计

获取图片逆向资料的难度较低，可以通过广告、照片、录像带等取得相关产品的外形资料。如今，借助照片等图像资料开展逆向设计的方法已经逐渐得到人们的认可，使用范围也在不断扩大。

（2）专利文献的逆向设计

如今，专利技术的受重视程度在不断提升，专利产品表现出新颖性、实用性等特征。使用专利技术发展生产的实例很多，不管是过期的专利技术还是受保护的专利技术都有一定的使用价值，但是缺少专利持有人的参与，实施专利的难度较大。所以，对专利展开深入、全面的分析探索，进行逆向设计，已成为新产品开发的重要路径。

通常情况下，专利技术含说明书摘要（应用场合、技术特性、经济性、构成等）、说明书（主要是专利产品的组成原理）、权利要求书（说明要保护的内容）以及附图。对专利文献的逆向设计主要依据如下内容。

①根据说明书摘要判断该专利的实用性和新颖性，决定是否采用该项技术。

②结合附图阅读说明书，并根据权利要求书判断该专利的关键技术。分析

该专利技术能否产品化。专利并不等于产品设计，并非所有的专利都能产品化。设计师应根据专利文献研究专利持有者的思维方法，以此为基础进行原理方案的逆向设计。

③在原理方案逆向设计的基础上，提出改进方案，完成创新设计。

④进行技术设计，提交技术可行性、市场可行性报告。

（3）已知设备图样的逆向设计

引入国外先进产品的图样直接仿造生产，是我国 20 世纪 70 年代技术引进的主要方法。我国的汽车工业、钢铁工业、纺织工业等许多行业都是靠这种技术引进发展起来的。改革开放以后，我国企业的自主权有所增强，技术引进迅速增加，我国和发达国家之间的距离明显缩短。不过，仿造虽然能够提升发展速度，却无法领先世界水平，因而要在仿造的基础上进行合理创新，研制出更加先进的产品返销国外，才能取得更大的经济效益。[①]

第二节　3D 打印技术在不同领域机械产品设计中的应用

一、3D 打印技术在航空航天领域机械产品设计中的应用

航空航天是增材制造应用最广泛的一个行业。经过多年的发展，3D 打印不仅可以打印模型和航空航天的零件及设备，还能打印无人机、卫星、火箭。这代表着 3D 打印将推进人类探索太空的进程，也提高了太空旅行梦实现的可能性。

在航空工业的制造领域，原材料相关问题始终是限制发展的重要因素，价格高昂的金属、轻型复合材料使用的数量越多，造成的浪费便越大。与此同时，航空材料对轻量化提出了较高的要求，3D 打印技术在航空航天的生产制造中具有显著的优势，有效提高了航空航天企业的效益。

3D 打印技术在航空航天领域机械产品设计的应用主要集中在三个方面：航

---

① 张春林，焦永和．机械工程概论 [M]．北京：北京理工大学出版社，2011：268．

空关键零部件的直接制造、航空内饰的定制以及外太空环境下产品的制造。

（一）航空关键零部件的直接制造

如今，航空行业面临着空前的压力，尤其是飞机制造面临着更高的性能要求。在以往制造飞机零部件的过程中，耗时较长且材料浪费较为严重的状况较为显著。与此同时，飞机某些零件的结构较为复杂，采用传统工艺往往很难达到实际所需的精度。因此，借助 3D 打印来制造飞机的零部件，成了一种可行的方式。

从总体层面来看，使用 3D 打印技术，能够打破传统生产工艺的限制，有效提高飞机零部件的制造工艺。设计师们能够优化飞机组件的设计，结构复杂的零部件也能得以生产。另外，3D 打印技术能缩短产品的交付周期，节约生产成本，简化库存管理和减少异地运输的需求。

（二）航空内饰的定制

在飞机精密零部件的设计及制造领域，3D 打印所具备的优势几乎无可替代。具体来讲，3D 打印飞机部件的主要优势之一是减轻重量，采用轻质材料制造出的飞机组件，内壁更薄、耗材也更少。尤其是在制作形状复杂的飞机零部件方面，使用 3D 打印技术不仅能够缩短时间，而且可以节省成本。同时，因为没有受到常规制造与模具的约束，工程师能够设计并合理改进飞机零部件的性能，提升飞机飞行时的安全系数。目前，3D 打印技术除了可以用来设计及制作各种飞机零部件外，还可以用来定制个性化的飞机内饰。

2018 年，增材制造技术供应商 EOS 和中东地区最大的飞机维护、修理和大修服务提供商阿提哈德航空工程公司合作，利用 3D 打印技术，实现飞机内饰的个性化定制。

从产品类型上看，飞机客舱的内饰产品可以分为地板、侧壁、头顶行李架、座椅和其他组件。其中，座椅部分的价值较高，在整个飞机客舱内饰产品市场中所占的份额也较大。为进一步改善座椅等产品的舒适性，许多飞机内饰制造商已经将 3D 打印技术应用于座椅的制作过程中。

客舱座椅后面的书报架和餐车发生碰撞的频率较高，损坏后的书报架较易对乘客造成伤害。鉴于此，许多企业如今开始使用 3D 打印技术来及时打印出一个新的书报架予以替代，这样可以有效地弥补配件交货期长的缺陷并继续给乘客提供舒适的飞行体验。

除了座椅、头顶行李架，借助 3D 打印还可以制作飞机尾部设备舱通风设备、折流板、电机外罩、灯罩、孔罩、窗帘夹、指示牌等内饰用品。飞机内饰由数万个零件组成，利用 3D 打印技术能够根据需求打印出轻型的、个性化的内饰产品，这能够帮助航空公司缩减内饰制作成本，并营造一个舒适优美的客舱环境。

（三）外太空环境下产品的制造

当前，3D 打印除了可以用于制造生产结构复杂的飞机等产品的关键部件外，还逐渐把人类的生产制造活动范围拓展至外太空。在外太空，因为受到失重等因素的影响，人类需要自行携带太空探险所需要的工具。

随着 3D 打印技术的日益精进，宇航员能把 3D 打印机携带至空间站内，可以随时基于自身的需求打印工具，从而促进航天事业的发展。例如，美国空间站上的宇航员曾经借助 3D 打印，对照由地面工作人员通过电子邮件传输的数字模型文件，打印出了一个套筒扳手。2016 年 4 月，全球第一台商业 3D 打印机 Additive Manufacturing Facility（AMF）被正式安装在国际空间站上，这台 3D 打印机的首个杰作是一把工具扳手，宇航员可以用它来完成轨道实验室中的维修工作。

未来，当人类从其他星球表面开采原材料时，还能在太空建立零件工厂，进一步减轻航天器的发射重量，节约空间，降低发射成本。

太空的操作环境与地球大不相同，因此 3D 打印的技术难度也不一样。在地球上，依靠重力，3D 打印机挤出的加热塑料、金属或其他材料能自然地沉积，一层一层打印出三维物体。而在太空零重力条件下，需要使用以给定速率旋转的离心机来确保材料沉积到位，或者修改 3D 打印的过程来使设备平稳运行。

二、3D 打印技术在汽车制造领域机械产品设计中的应用

（一）快速原型制造

快速原型制造是 3D 打印技术在汽车制造领域最早开展的应用。从汽车的内饰件到轮胎，再到前格栅、发动机缸体、缸盖、空气管道，3D 打印技术几乎可以制造出所有汽车零部件的原型。常用技术包括材料喷射（如 PolyJet）、立体光固化（Stereo Lightgraphy Apparatus，SLA）、熔融沉积成型、激光选区烧结等。在全球范围内，通用、大众、宾利、宝马等知名汽车集团都在使用 3D 打印技术，福特汽车在设计阶段大量采用 3D 打印技术制造零部件原型。在中国的汽车制造商中，一汽、上汽、长安汽车、江淮等企业也在设计阶段积极地应用 3D

打印技术。

由于借助 3D 打印设备能够在不进行模具开发的情形下，快速制造出原型，这项技术明显缩短了汽车制造企业设计工作的耗时，也有效降低了研发过程中的模具制造成本，为加速汽车的设计迭代奠定了良好条件。汽车研发部门通过实车安装 3D 打印零部件原型，能够在最短时间内发现问题，及时调整、改进结构设计的方案，这使得新设计变得更加稳当。此外，汽车外壳中有不少曲面结构、栅格结构，这些零部件的原型若是借助机械加工技术进行制造显得较为困难，而 3D 打印技术在驾驭复杂结构方面则十分便捷高效。

3D 打印原型的用途有两类，一类是用于汽车造型阶段，这类原型件对力学性能要求不高，仅是为了验证设计外观，但它们为汽车造型设计师提供了生动立体的三维实体模型，为设计师进行设计迭代创造了便利条件。

立体光固化 3D 打印设备被广泛地应用于汽车造型评审用的零部件原型。例如，中国联泰科技的 SLA 3D 打印设备，早在 2003 年就被安徽江淮汽车所应用，江淮在第一款轿车宾悦的研发过程中就使用了 3D 打印技术，在做外形评审时，他们将 3D 打印的内饰旋钮、按键原型镶嵌在模型车中，相较于以往使用的零部件平面贴图，3D 打印的原型件的直观性十分显著。

另外，汽车的车灯设计原型制造常采用立体光固化 3D 打印设备，与设备配套的特殊透明树脂材料在打印完成后经过抛光处理，可以呈现出逼真的透明车灯效果。

立体光固化技术制造的零部件原型色彩较为单一，多材料 3D 打印技术也在汽车零部件原型制造领域占据着一定的地位。宾利汽车的设计工作室就在使用 Strata-sys 公司的多材料 3D 打印设备 Objet 500 Connex、Objet 1000 Plus 制造量产前评估和测试用的零部件原型。该设备基于 PolyJet 材料喷射工艺，可在单次打印中实现彩色和多材料的结合，制作接近真实产品的原型。宾利汽车设计团队用该设备制造汽车内饰件、外饰件、轮毂以及全尺寸的汽车尾部饰板。由于能够在一个部件中同时使用多种刚性、透明度、颜色都互相区别的材料，宾利在制造汽车的过程中不必再实施单独制造、装配零件的工作。例如，设计团队曾用一台多材料 3D 打印设备，制造出一个包含轮毂在内的橡胶轮胎。

3D 打印原型的另一类用途是制造功能性原型或高性能原型，这些原型往往具有良好的耐热性、耐蚀性或者是能够承受机械应力。汽车制造商通过这类 3D 打印零部件原型可以进行功能测试。实现这类应用的 3D 打印技术和材料包括工业级熔融沉积成型 3D 打印设备、工程塑料丝材或纤维增强复合材料，以及选区激光熔融 3D 打印设备和工程塑料粉末、纤维增强复合粉末材料。

　　有的 3D 打印材料企业还推出了适合制造功能原型的光敏树脂材料，它们耐冲击、强度高、耐高温、弹性高，这些材料适用于立体光固化 3D 打印设备。比如，Formlabs 就推出了两款具有特殊性能的光敏树脂 3D 打印材料——Tough Resin 和 Durable Resin。其中 Tough Resin 材料的性能类似于 ABS 塑料，如果汽车零部件制造商最终投入生产的产品是 ABS 注塑件，那么在进行这类零部件的快速原型制造时，就可以选择 Tough Resin 3D 打印树脂材料。如果零部件制造商需要制造柔性锁扣铰链或汽车保险杠这样的零部件原型，则可以使用柔性 Durable Resin 材料。

（二）概念车的制造

　　概念车是一种介于设想和现实之间的汽车，人们可以把概念车理解为未来汽车。汽车设计师通过概念车向人们传达新颖、独特、前沿的设计理念。有的概念车只是处在创意、试验阶段，也许不会投产，主要作用是探索汽车新的造型、新的结构、新的原理等。而有的概念车则已经配备了动力总成，这类概念车比较接近于批量生产阶段。

　　不管是何种类型，从制造的层面来看，概念车都是一种定制化的小批量制造的车辆。概念车的设计和制造过程中存在许多难题，如交货期限较短、制造成本较高等。面对这些难题，概念车设计公司开始积极探索更加经济实惠、高效的制作技术，其中便包含了 3D 打印技术。除了满足概念车在开发与制造中对小批量快速制造的成本和交货期控制的需求，概念车设计师还要在汽车设计方案上做出创新。例如，在车身设计中引入仿生结构，使概念车轻量化，并充满时尚感。借助 3D 打印技术，设计师可以实现一些前所未有的汽车设计方案。

　　欧洲的概念车设计与制造团队在设计与制造中已经引入了 3D 打印技术。比如，英国 Envisage 工程公司引入了包括 3D 打印、3D 扫描、先进设计分析以及 VR 等在内的数字化技术，使用先进的分析软件进行汽车结构的优化设计。软件产生的分析数据可作为证据提交给认证机构，证明车辆的设计是符合相关设计标准的，而在过去，这些证据往往需要通过物理检测的方式来获取，有时物理检测会导致车辆结构的损坏。

（三）汽车零部件的制造

1. 发动机零件

汽车发动机的功能在于为汽车提供动力，它在汽车整体构造中占据着不可替代的地位，对汽车的动力性、经济性与环保性产生着直接影响。基于动力来源的差异，汽车发动机可分为柴油发动机、汽油发动机以及电动汽车的电动机等。3D 打印技术在汽车发动机制造中的应用主要包括以下几种：使用选区激光熔融技术直接制造复杂的发动机零件，使用激光选区烧结技术或黏结剂喷射技术制造汽车零件铸造用的砂型。黏结剂喷射金属 3D 打印技术作为一种新型金属打印工艺，在发动机组件、变速器壳体等部件的快速成型制造领域具有一定潜力。

尽管使用金属 3D 打印技术直接制造发动机零件尚处在探索时期，但 3D 打印技术的优势已经得到了人们的认可，如能够使汽车发动机具备更加优越的性能，并有效缩短制造的周期等。发动机制造商康明斯就曾通过使用选区激光熔融技术开发新一代的柴油发动机零件。3D 打印柴油机零件的特点是轻量化、性能改进并降低制造成本，它不仅提高了柴油机支架的性能，还为风扇驱动带轮提供了锚点。

2. 热交换器

热交换器是指使热量从热流体传递到冷流体的设备，在汽车和工程机械车辆上应用广泛。汽车上使用的热交换器品种较多，有散热器（俗称水箱）、中冷器、机油冷却器、空调冷凝器和蒸发器、暖风热交换器、尾气再循环系统冷却器、液压油冷却器等，它们在汽车上分别属于发动机、变速器、车身和液压系统。

热交换器通常由焊接在一起的薄片材料制成，由于制造十分困难，热交换器制造技术在过去很长一段时间内都发展迟缓。然而，3D 打印技术的使用使得热交换器的轻量化与性能提升成为可能。此外，由于几何形状具有高度自由度，3D 打印技术带来更高的比表面积、更优的热交换和流体通路，可以实现泵气损失和热交换之间的平衡。

3. 内饰件

汽车内饰系统是由英文"Interiors System"翻译过来的，但它比人们通常所说的单一具有装饰作用的汽车内饰又多了工程属性、功能性和安全性。汽车的仪表板、副仪表板、座椅、安全带、安全气囊、门内护板、驾驶室内装件、空气循环系统、行李舱内装件、车内照明、车内声学系统，甚至连发动机舱内装件都属于汽车内饰系统。汽车内饰系统的设计工作量占到汽车造型设计工作量的 60% 以上，3D 打印技术在快速制造汽车内饰系统的产品设计原型方面发挥了重要作用。除了制造原型，3D 打印技术在汽车内饰件的产品设计创新和概念车的内饰件直接制造中的应用也为一些著名汽车制造商所重视。

（四）夹具的制造

汽车零部件的机械装配过程中会用到多种不同的夹具，其中很多工装夹具属于个性化定制的工具，如果用传统制造方式制造这些非标的夹具，不仅需要耗费较高的成本，而且制造周期较长。此外，常见的夹具通过金属制造而成，夹具具有较大的重量。将 3D 打印技术运用到夹具制造中的优势主要表现在以下几个方面：可快速制造个性化或小批量的夹具；夹具设计的造型自由度高；可用轻量化的塑料夹具替代金属夹具。[①]

三、3D 打印技术在医疗器械领域机械产品设计中的应用

（一）植入物的制造

在临床治疗中，植入物是骨肌系统治疗的方式之一，作用是全部或部分替代关节、骨骼、软骨或肌肉骨骼系统。骨科植入物属于三类医疗器械，CFDA 规定对其实行生产许可证和产品注册制度，此类产品需要经过严格的临床试验过程和审批过程，取得产品注册证的周期通常为 3～5 年。如果按照植入物的制造材料进行分类，植入物分为金属植入物、聚合物植入物和陶瓷植入物。聚合物植入物与陶瓷植入物都可以进一步分为可降解植入物和不降解植入物，可降解的植入物被植入人体之后将在一定周期内被逐渐分解成能够被人体吸收的成分。每一种植入物包括多种不同的制造材料，如可制造金属植入物的材料包括钛合金、不锈钢、钴等；可制造聚合物植入物的材料包括聚醚醚酮（PEEK）等；可制造陶瓷植入物的材料包括氮化硅、氧化铝、羟基磷灰石等。

目前，这三种类别的材料中，都有部分代表性的材料可以通过 3D 打印设备进行植入物的制造。

从具体的医学应用角度来看，金属 3D 打印技术能够制造颅骨补片、下颌骨

---

① 王晖．机械产品创新设计与 3D 打印 [M]．北京：机械工业出版社，2020：42.

骨、胸骨、膝关节、髋关节、脊椎融合器等多种植入物。

如果按照植入物的用途进行分类，可以将其分为关节植入物、脊柱植入物、创伤植入物（如骨板、骨钉）。在全球市场中，关节植入物占据的比例最大，但在国内市场中，创伤类植入物的占比大于关节植入物和脊柱植入物，不过关节和脊柱植入物的生产总量和占比提升是大势所趋。

不管采用哪种类型的 3D 打印植入物，其制造过程基本一致，即医疗级原材料经过增材制造和后处理工艺最终制造成植入物。植入物制造过程中，有两种使用 3D 打印技术的方式，一种是直接制造，即通过 3D 打印设备和材料直接制造植入物；另一种是间接制造，即通过 3D 打印设备制造植入物铸造所需的模具，最终利用传统铸造工艺制造出植入物。

通过增材制造技术进行植入物直接制造的意义主要有两点。第一，相较于传统植入物批量生产技术，制造小批量植入物或者是定制化植入物的周期较短，且成本有所降低，植入物直接制造工艺和间接制造工艺都表现出这样的优势。

医疗市场上常见的植入物为标准产品，以膝关节植入物为例，通常有 1 ～ 8 号等不同的尺寸型号，由医生为患者选取最为合适的型号进行植入。然而，这就像在商店中购买衣服一样，尽管每款衣服都有许多可以选择的尺寸，哪怕是挑选到最合适的尺码，也无法确保衣服和身体各个部位完全贴合。

为每个患者提供完全匹配的定制化植入物是解决这些问题的方式。定制化植入物可以根据患者的 CT 或 MRI 医学影像数据进行定制化设计，然后进行加工制造。机械加工等传统植入物制造工艺以及 3D 打印技术都可以实现植入物的定制化制造，不过 3D 打印技术可以在无须制造模具的情况下，直接制造出定制化植入物或制造出植入物铸造所需的个性化铸造模具，且每次打印可以同时制造多个不同型号的植入物，相比传统制造技术，3D 打印技术为实现植入物的规模定制化生产创造更加便利的条件。

第二，针对金属植入物直接制造工艺而言，无论是制造标准植入物还是定制化植入物，金属 3D 打印设备可以精确地制造出植入物的仿生多孔结构，包括精确制造出这些仿生多孔结构的孔隙率、孔径以及孔之间的连接方式，再配合后续的轻加工完成植入物的制造。在设计 3D 打印植入物时，设计师可以获得更加广阔的设计优化空间。另外，传统制造工艺无法制造出有利于吸附人体骨细胞的具有仿生多孔结构的植入物，而且有着锻造、机械加工和等离子喷涂等复杂工艺。相比之下，金属 3D 打印技术所制造的仿生多孔结构不仅有利于植入后的骨骼生长，还能避免表面涂层脱落的风险。

许多人对将 3D 打印技术运用于植入物制造的价值存在认知偏差，在他们看来，3D 打印技术只适合进行定制化植入物的制造。但实际情况是，3D 打印技术也能够用于同型号产品的批量生产，如目前已经商业化的 3D 打印髋臼杯植入物很多都是批量生产的标准产品。

（二）牙科医疗器械的制造

1. 可摘义齿

3D 打印技术在可摘义齿加工中的应用有两种，一种是制造可摘义齿中的金属支架，另一种是制造义齿中的牙冠、牙桥。

这些医疗器械都可以用 3D 打印技术来制造，主要有两种方法：一种是通过选区激光熔融金属 3D 打印技术直接制造金属支架或金属牙冠、牙桥，另一种是通过光聚合或材料喷射 3D 打印技术制造出铸造模型，然后通过精密铸造法铸造出金属支架或牙冠、牙桥。3D 打印铸造模型的使用，使传统铸造工艺具有了数字化的色彩。对于金属牙冠、牙桥，在完成打印以及打印后处理工艺后，还需要进行烤瓷、上釉才能够交付使用。这种通过金属 3D 打印制造的烤瓷牙金属冠，也可以安装在种植牙的基台上，常用材料为钴铬合金、钛。

2. 种植牙

种植牙是指以手术方法在口腔牙槽骨组织中植入人工牙根（种植体）作为支持，并在人工牙根上进行牙冠修复的一种镶牙方法。相较于传统的缺牙修复项目，种植牙存在许多优势，包括咀嚼功能强大、不会对周边牙齿造成损伤、固位好、美观、舒适等，被称为人类的第三副牙齿。

种植牙由种植体、基台和牙冠三部分组成，种植体的制造与植入是种植牙技术含量最高的部分，由于需要植入到人体牙槽骨内，所以制造材料多采用具有良好生物相容性的钛金属。基台是连接种植体与牙冠的部分，种植牙的牙冠是负责咬合的部分，分为金属烤瓷冠和全瓷冠两种。

当前，我国种植牙的种植量与发达国家之间存在较大差距，市场渗透率较低，造成这一现象的原因包括我国牙医资源不丰富、民众缺乏就医意识等。与此同时，这也意味着种植牙在我国有着巨大的发展空间。

目前，市场上流通的种植牙多具有通用型的种植体，在种植牙品牌中，以技术驱动的高附加值产品和以生产驱动的价格较低的产品为主。国内口腔医院、种植牙加工企业在 3D 打印个性化种植牙的研发方面并不落后于国际水平，如南京医科大学附属口腔医院以及中科安齿所研发的 3D 打印种植体都已在进行商业转化。

传统通用型种植牙和 3D 打印种植牙产品在制造方式和种植周期上存在明显差异。通用型种植牙中的种植体为螺旋形的，手术过程是拔牙后，在牙槽骨上钻孔，然后将螺旋体拧进去。通用型种植牙在拔牙后需等待 3 个月左右，等患者牙槽骨伤口愈合，再在牙槽骨上植入一颗固定假牙用的种植体，再过 3 个月才能在这个种植牙上安装假牙。整个过程患者至少需要来回跑三四趟，花费大约半年时间。如果需要植骨的话，耗时会更长。而利用 3D 打印技术（通常为选区激光熔融技术），加工企业可以以更少的成本完成种植体的批量定制化生产，这为个性化种植牙的推出创造了良好的条件。在这样先进的技术基础上，种植体不需要设计为通用型产品，而可以基于患者牙根医学影像数据展开定制化设计。从理论层面上来看，定制化牙根在拔完牙后，就可以进行植入，不需要在牙槽骨上钻孔，不会破坏病人的骨头，达到即刻种植的效果。

定制化种植牙在手术周期与患者体验方面都表现出显著的优势，因此它的普及率将不断提升。对当下市场占有率有限的国产种植牙品牌而言，3D 打印定制化种植牙产品也许会成为占据市场的关键。

3. 牙科矫正器

牙科矫正器分为普通钢丝托槽矫正器、透明陶瓷托槽矫正器、舌侧牙托槽矫正器、隐形透明无托槽矫正器以及自锁矫正器等类别。金属 3D 打印的舌侧矫正器与熔模铸造方法相比，可实现个性化托槽的直接成型，避免空穴、空洞等铸造缺陷。下面以隐形矫正器的3D 打印为例进行详细介绍。

在隐形矫正器的制造中，3D 打印技术不会直接用于制造交付给患者佩戴的最终产品，而是制造矫正器所需的定制化牙齿模型，制造流程为印模－扫描－3D 建模－数字化矫正－3D 打印牙模－矫正器热塑成型－后处理。

矫正器是一种高度定制化的产品，每个患者的矫正器都是基于个人的牙齿咬合情况定制化设计的，每位患者在矫正周期内需要多次更换不同的隐形矫正器。隐形矫正器制造中的核心技术是如何制定矫正方案并设计出个性化的矫正器以及可提供持续牵引力的材料。

通过 SLA 等光聚合 3D 打印设备，矫正器加工企业可以进行不同矫正阶段牙齿模型的批量定制化生产，牙齿模型制作后再利用热塑成型工艺将透明膜片包裹在模型上，从而制作隐形矫正器。3D 打印为实现隐形矫正器批量定制化生产创造了基本条件，因此成为一种不可或缺的工具。

无论是国际上市场占有率高的隐适美，还是时代天使、正雅齿科等国产品牌，在隐形矫正器的制造过程中都在使用 3D 打印设备。国内也不乏为牙科行业提供 3D 打印技术解决方案的 3D 打印设备制造商，如联泰、普利生等。

（三）康复医疗器械的制造

1. 矫形器

矫形器是装配于人体四肢、躯干等部位的体外器具的总称，其目的是预防或矫正四肢、躯干的畸形，或治疗骨关节及神经肌肉疾病并补偿其功能，基本功能是稳定与支持、固定与矫正、保护与免负荷、代偿与助动。随着制作水平的不断提升，矫形器已经逐渐运用于截瘫、偏瘫、脑瘫等治疗中。矫形器可分为上肢矫形器、下肢矫形器和脊柱矫形器三种。

从事 3D 打印矫形器探索的群体包括个人设计师、医疗机构、医疗器械制造商、3D 打印设备 / 服务企业以及材料企业。他们使用的技术包括激光选区烧结、材料喷射、熔融沉积成型、光聚合四种。

激光选区烧结是最常见的矫形器 3D 打印技术，制造材料为尼龙粉末。在设计支撑型矫形器时，形态、功能与材料厚度配置一定要与每位患者的需求相匹配，而多年传统工艺一般已经达到了自身发展的极限，这在一定程度上限制了个性化设计的实现。而激光选区烧结等 3D 打印技术为矫形器设计的改进创造了条件，该技术不但可以较为轻松地完成个性化定制，而且易于实现功能集成的一体化矫形器。

国内脊柱矫形器制造商也在使用激光选区烧结技术来制造定制化矫形器，这一技术在治疗儿童脊柱侧弯领域起到了日益重要的作用。

国外曾有矫形器设计师通过 3D 打印设备为车祸患者制造下肢矫形器，在无须使用模具制造技术的情况下，直接完成矫形器的制造。这位设计师采用 Statasys 基于材料喷射工艺的 Objet 1000 多材料 3D 打印机和刚性材料 Vero Black 来制造矫形器。矫形器设计采用功能集成的一体式设计，主体中带有很多镂空结构，这些设计方式使矫形器具有重量轻、透气性良好的特点。

部分熔融沉积成型 3D 打印设备也可以应用在矫形器制造中，打印材料采用 ABS、PEEK 这样的工程塑料。例如，远铸智能与四川聚安惠科技有限公司用 FUNMATPROHT 3D 打印机和 PEEK 材料研发了一款超轻型膝盖矫形器 Bio NEEK。通过生物力学设计，Bio NEEK 能够在膝盖康复过程中为患者提供更加良好的支撑，同时降低膝盖受到冲击的可能性，能够充分保护康复中的膝盖。除了 3D 打印的部分，矫形器中还配有磁流变阻尼器和可调节铰链，阻尼器的功能在于减轻仿生支架的冲击对患者膝盖的影响，并有利于患者的行走活动与体力节省；铰链的作用是防止慢性膝盖疾病患者康复过程中的过度伸展，同时可以缓解疼痛和加速康复。

在有着高强度、良好的韧性的特殊光敏树脂材料的支持下，SLA 等光聚合 3D 打印技术也可以用于制造各种 3D 打印矫形器。3D 打印材料企业塑成科技通过自主研发的硬性聚氨酯树脂为陆军总医院的骨科康复患者定制了多套矫形器。

不管使用何种 3D 打印技术与材料，在设计矫形器时都应当把握轻量化和定制化两个要点。轻量化指的是设计时充分考虑采纳功能集成式设计与轻型材料，减轻重量，从而使得佩戴者感到更加舒适。所谓定制化，并非仅仅指产品外观上的定制化，还包括基于不同部位对力学性能要求的差异，在同一个矫形器中改变材料厚度，从而取得增强特定部位灵活性或硬度的效果。

3D 打印矫形器是一种已经实现商业转化的应用，不仅部分康复器械制造商已推出了 3D 打印产品，公立医院也开始提供相关服务。比如，上海交通大学医学院附属第九人民医院 3D 打印接诊中心于 2018 年 1 月正式开放，为患者提供 3D 打印矫形器等定制化康复辅具。

2. 假肢

假肢即利用工程技术，为肢体缺损者专门设计和制作的人工假体，又称"义肢"。按照佩戴部位的不同，假肢可以分为上肢假肢和下肢假肢，下肢假肢又可以进一步分为大腿假肢和小腿假肢。下肢假肢包括接受腔、连接件、足部装置、假关节等。按照构造和设计方式的不同，假肢可以分为外壳式假肢和骨骼式假肢。

3D 打印技术在上肢假肢中的应用是制造仿生肌电手中的个性化外壳，或制造一些低成本的机械手。仿生肌电手是一种结构复杂且价格高昂的假肢，包含机械手与肌电信号系统，借助医用电极和手臂肌肉相互连接，当手臂肌肉收缩后，肌肤表面会有电子信号，感应器获取这种信号，然后将其传递给机械手，使肌电手具有抓取功能。3D 打印在其中发挥的作用是制造机械手中的定制化组件，如外壳。英国 Open Bionics 已开展了带有 3D 打印机械手的仿生肌电手的临床试验，该产品的销售渠道包括官方网站、医院。此外，还有一些医生、创客，利用一些开源免费的设计资源为贫困群体制造经济实惠的 3D 打印机械手，不过这些机械手多为公益性的产品，并未实现商业化。

3D 打印技术在下肢假肢制造中的主要应用包括假肢的定制化外壳和足部装置。在小腿假肢中，针对增材制造工艺设计的一体式 3D 打印假肢已经出现，这类假肢包括 3D 打印的接受腔和外壳。国际上少量假肢制造商为佩戴者提供下肢假肢外壳的定制化服务，如 UNYQ 公司将 3D 打印假肢定制技术整合到了产品线中，佩戴者可以选择自己喜欢的 3D 打印假肢外壳款式。3D 打印技术提高了假肢外壳设计的自由度，制造出轻量化的结构。

3D 打印在下肢假肢中的应用并非停留在锦上添花的层面，它在一体化小腿假肢、足部装置制造中发挥着关键作用。德国假肢制造商 Mecuris 研发了 3D 打印足部装置 NexStep，使用数字化设计和 3D 打印进行假肢定制，生产周期在 48 h 左右，而传统方式的生产周期为 2 ~ 3 个月。为获得 CE 认证，Mecuris 对 3D 打印假肢进行机械长期耐久性试验、负载持久测试。通过仿真分析，Mecuris 证明了 NexStep 3D 打印的假肢持久的脚趾负载可达 8 000 N，病人佩戴这个假肢可以超过三年时间。目前，这款产品已获得欧盟的 CE 认证。

国内康复器械制造机构也掌握了这类技术，如湖北省康复辅具技术中心使用华科三维的激光选区烧结 3D 打印设备和 3D 数字化平台，研发出 3D 打印透气性接受腔一体化小腿假肢等一系列的康复辅具，3D 打印的假肢采用结构性透气设计和一体化的功能设计，解决了假肢穿戴不透气的问题。此外，上海交通大学医学院附属第九人民医院 3D 打印接诊中心也可以提供此类下肢假肢。

3. 矫形鞋垫

在 3D 打印矫形鞋垫的过程中，鞋垫的定制化设计是十分关键的环节。设计的首要步骤是获取用户足部的数字化数据，不同 3D 打印矫形鞋垫定制服务商所用的扫描技术、鞋垫设计技术、打印技术具有一定的差异。

例如，SOLS 公司通过自行开发的 App 获取足部数据，用户通过 App 给足部拍照。SOLS 基于这些照片，通过计算机视觉、摄影测量、生物力学分析等技术进行矫形鞋垫的设计，最后使用 3D 打印技术进行制造。而 IMcustom 公司则是通过放置在商店中的足底扫描仪来收集用户设计，扫描仪上柔软的软凝胶垫可以准确捕获足部三维形状和压力点。IMcustom 公司根据扫描数据进行鞋垫的定制化设计，然后通过商店中的 3D 打印机完成打印，最快在一天之内即可将鞋垫交付给用户。

在设计过程中，设计师会基于脚底的压力分布合理地设计鞋垫上的网格结构，这些结构能够有效舒缓佩戴者足底承受的压力并为其提供额外的力学支撑。网格的分布与密度并非处于均匀状态，而是基于用户脚底的力学特点展开定制化设计。3D 打印技术可以制造出这种特殊而复杂的结构。

常用的 3D 打印技术包括熔融沉积成型（打印材料为TPE/TPU）和激光选区烧结（打印材料为TPU、PA）。此外，惠普的多射流熔融 3D 打印技术在定制化鞋垫制造领域具有应用潜力。惠普推出了鞋垫定制化生产的全套解决方案，包括获取用户足部数据的终端设备 Fit Station，该设备目前已在国外鞋垫零售商 Super Feet 的商店中进行试点投放。

4. 助听器

许多国际助听器制造商在 21 世纪初就开始使用 3D 打印技术生产助听器的定制化外壳，如峰力的母公司 Sonova 集团在 2001 年就开始使用该技术。Sonova 助听器外壳的定制化生产由手工制作佩戴者的耳道印模开始，随后是使用三维扫描仪对印模进行扫描。设计师在扫描数据的基础上进行助听器外壳的建模，Sonova 通过使用 Materialise 开发的快速外壳建模软件 RSM 确保了计算机辅助建模能够更加轻松高效地完成。建模完成后，文件被发送至 3D 打印机进行生产。每次打印可以同时生产出多个助听器外壳，实现外壳的批量定制化生产。

包括三维扫描、建模以及 3D 打印在内的数字化技术，减少了助听器外壳生产过程中的人工操作环节，有效提高了外壳的定制化效率与产品的精确度。

国产品牌丽声助听器也引进了德国 Smart Optics 扫描与德国 Rapidshape 3D 打印系统，成为中国第一家引入 3D 打印系统的助听器民族企业。

助听器外壳的 3D 打印技术主要为 DLP 这样的光聚合工艺 3D 打印技术，打印材料为光敏树脂。Sonova 旗下的峰力助听器还将选区激光熔融技术和钛金属材料应用在助听器外壳定制化生产领域。钛金属外壳的优点是强度显著高于树脂外壳，同时外壳的壁厚是树脂外壳的 50%，为内部电子元件留出更多空间，这意味着助听器的体积可以进一步缩小。

不论是使用哪种技术来定制外壳，里面的技术含量并不高，因为这类产品中的核心技术是先进的声学系统。但不能否认的是，3D 打印等数字化技术所主导的外壳定制化生产模式，为用户提供了更好的佩戴体验，缩短了用户等待的周期，有效提高了助听器的附加值。这也是助听器制造业在短期内，通过 3D 打印取代传统外壳定制技术的主要原因。

外壳 3D 打印技术已逐渐受到了耳机制造商的重视，带有 3D 打印外壳的耳塞品牌数量明显增长。市场上既有走 DIY 路线的玩家，也有像黑格科技这样既有自主研发的打印设备、打印材料，又研发了自己的耳塞产品的团队。但不论 3D 打印外壳在佩戴体验感上有多么优越，其产品的竞争力还是建立在优质的声学技术上，也唯有抓住核心技术的 3D 打印耳塞品牌，才能在 3D 打印外壳成为耳塞界标配的时刻仍然保持其市场活力。①

四、3D 打印技术在模具制造领域机械产品设计中的应用

模具加工凭借其卓越的质量、低廉的成本与较少的能耗获得了大范围的运用，涉及工业生产的各个领域，被人们誉为"工业之母"，在如今的工业生产中占据着不可替代的位置。

模具技术水平的高低不仅成为衡量一个国家制造业水平的重要指标，而且在很大程度上决定着这个国家的产品质量、效益及新产品开发能力。大多数工厂在批量生产产品以前都会率先进行模具制作，基于模具来完成后续的大批量订单。如果缺乏模具，便无法实现批量生产与规模制造。模具本身是单件生产的，生产一个零件一般只需要一套模具就够了，因此模具的设计制造过程具有个性化离散制造的特点，这与 3D 打印个性化制造的特点非常吻合。

（一）注射模随形冷却水路的制造

目前，应用最广泛的塑料制品加工方法是通过模具注射成型，其数量接近塑料制品总量的一半。注射模具包括成型零件、导向部件、浇注系统、脱模机构、抽芯机构、排气系统、温度控制系统和其他结构零件，典型注射模具的成型周期包括开模时间、注射时间、保压时间、冷却时间四个阶段，其中冷却时间在整个注射周期中的占比接近 70%，决定着注射的生产效率。此外，模具温度还直接影响塑料件的品质，如表面粗糙度、翘曲、残余应力以及结晶度等，注射生产中 60% 以上的产品缺陷来自不能有效地控制模具温度，因此模具的温度控制系统对注射成型质量和生产效率起着决定性的作用。优化模具水路设计，提高温度分布均匀性，可以减少成型缺陷，提高塑料件的成型质量；缩短冷却时间，可以缩短生产周期，提高生产效率。因此，高效的模具冷却系统可以显著提升注射成型的成本效益。

目前，塑料产品的形状越来越复杂多样，含有更多复杂的曲面结构，传统的

---

① 王晓燕，朱琳 .3D 打印与工业制造 [M]. 北京：机械工业出版社，2019：245.

冷却水路多以钻孔的方式加工成直线型，由于水路距型腔表面的距离不一致，模具难以获得均匀的温度分布，因此容易导致冷却不均匀和翘曲变形等产品缺陷。此外，水路和型腔距离的不同导致塑料件不同部位的冷却速率存在差异，冷却速率较为迟缓的部位导致整个塑料件的冷却时间有所延长，进而延长了生产周期。因此，设计一个有效的冷却系统来提高注塑件的成型质量和生产效率具有非常重要的意义。

针对上述问题，注射模 3D 打印随形冷却技术应运而生。该技术采用随产品轮廓形状变化而变化的随形冷却水路。与传统的冷却水路相比，3D 打印随形冷却水路摆脱了常规加工工艺对水路加工的诸多限制，使水路布局更能贴近产品轮廓，能够很好地解决传统冷却水路与型腔表面距离不一致的问题，使模具型腔温度分布均匀，实现注射产品的均匀高效冷却，消除翘曲变形等不足，降低了注射件制造的时间成本，有效提升了生产效率，使企业能够在激烈的市场竞争中赢得一席之地，表现出较强的适用性。随着 3D 打印技术的日益成熟，随形冷却水路逐渐成为注射模领域的重要研究课题。近年来，国内外都在探索研究将 3D 金属打印与传统模具制造工艺相结合，并通过随形冷却水路的优化设计来提高复杂模具的冷却效率和成型质量，从而实现模具冷却技术的进一步发展，特别是针对注射成型产品的冷却盲区或模具上不易散热的区域，如局部的凸起或凹陷。

目前国内外针对三维复杂形状注射模的制造需求，正在重点研究基于金属 3D 打印工艺的模具随形冷却水路优化设计及加工技术。通过建立 3D 打印随形水路注射模技术体系，为提升模具行业竞争力提供了成套技术方案。该体系的主要内容包括随形冷却水路的优化设计方法、3D 打印工艺控制、3D 打印模具后加工工艺和 3D 打印模具性能测评。

（二）轮胎模具的制造

我国已成为世界第一大轮胎生产国、消费国和出口国，随着我国汽车工业的快速发展，对汽车轮胎的要求也越来越高。轮胎制作工艺的最后一步是在闭合模具中对轮胎进行硫化。硫化赋予橡胶弹性，模具则负责给橡胶塑形，最后制成常见的轮胎。轮胎模具是制造轮胎的重要装备。轮胎模具中的花纹块用于制造成型轮胎表面的花纹，能够增大胎面和路面之间的摩擦力进而避免车轮打滑。如今，轮胎花纹的设计类型越来越多，要求也更高，这也造成加工的难度不断增大。轮胎花纹的结构往往呈现出空间三维扭曲的状态，花纹具有弧度多、角度多等特点，这对轮胎模具的制造提出了更高的要求。

在轮胎模具花纹块的加工过程中，传统制造方法主要以数控铣加工为主，辅助以电火花加工及精密铸造加工。这些方法的共同特点是加工周期长、效率低，而且因为加工的角度、转角等不统一，有些花纹还有薄而高的小筋条或者窄而深的小槽，甚至是表面不规则的坑坑洼洼结构，所以加工难度很大。此外，由于轮胎模具的很多花纹过深，在刀具的加工过程中，还会发生干涉现象，这也在一定程度上制约了花纹的设计。尤其是当花纹数量繁多而复杂时，不仅轮胎模具的制造难度会增大，而且投入的人力成本与时间成本也显著增加。

轮胎模具 3D 打印技术可以完成传统机加工难以实现的形状复杂度，可以直接制造出传统方式很难加工的复杂形状的轮胎模具花纹块，而且从设计到打印生产出来的周期比传统方法更短。

全球领先的金属 3D 打印公司 SLM Solutions 一直在关注、推进金属 3D 打印在轮胎模具方面的应用。作为金属 3D 打印中的高端品牌，SLM Solutions 金属 3D 打印机已经成功打印出了最薄处厚度只有 0.3 mm 的钢轮胎模具，免去了冲压、折弯这些价格不菲的工艺，同时还省去了人工安装和焊接的成本。

（三）制鞋模具的制造

近年来，随着 3D 打印技术应用范围的不断扩大，大量鞋业品牌已开始借助 3D 打印技术实施智能化生产，不再沿用以往人工设计与制作木制鞋样的生产流程，以求在激烈的市场竞争中脱颖而出。

3D 打印技术可以直接打印出整只鞋模，不再需要刀路编辑过程，也不需要换刀、平台转动等操作。每一个鞋模的数据特征都精确表达，利用 3D 打印机还可以一次性打印多个不同数据规格的模型，生产效率明显提高。

上海联泰科技股份有限公司自 2006 年开始进军鞋业市场，是国际上最早涉足鞋模行业的 3D 打印设备供应商之一，近年来已经与多家国际知名鞋业品牌厂商开展战略合作，推进面向鞋业的 3D 打印设备及配套软件的定制研发，为制鞋行业的看模、试穿模、铸造模等各个应用方向提供全面完备的综合解决方案，取得了良好的市场效果。其开发的 SLA 工艺鞋模 3D 打印机能够直接打印鞋底模具，打印出来的模具具有良好的精细度。[①]

---

① 刘永辉，尹凤福，王小新. 3D 打印工程应用案例与云服务技术 [M]. 北京：机械工业出版社，2020：91.

参考文献

[1] 崔华丽，赵慧真，郭晓聪 . 机械产品优化设计及方法研究 [M]. 长春：吉林科学技术出版社，2022.

[2] 邓平，万里瑞，唐茂华 . 机械产品制造与设计创新研究 [M]. 长春：吉林科学技术出版社，2023.

[3] 樊佳 . 基于 3D 打印技术的工业产品造型设计与研究 [J]. 机械工程与自动化，2021（4）：185-187.

[4] 符炜 . 机械创新设计构思方法 [M]. 长沙：湖南科学技术出版社，2006.

[5] 高常青 .TRIZ：产品创新设计 [M]. 北京：机械工业出版社，2018.

[6] 胡建，任福建 .3D 打印基础实务 [M]. 重庆：重庆大学出版社，2019.

[7] 黄执高，张勇，郭烈红，等 . 基于 3D 打印技术在机械制造中的应用研究 [J]. 科技与创新，2022（15）：16-18.

[8] 李博，张勇，刘谷川，等 .3D 打印技术 [M]. 北京：中国轻工业出版社，2017.

[9] 李华雄，张志钢 .3D 打印技术及应用 [M]. 重庆：重庆大学出版社，2021.

[10] 李艳，黄海洋 . 机械产品专利规避设计 [M]. 北京：机械工业出版社，2020.

[11] 李助军 . 机械创新设计及其专利申请 [M]. 广州：华南理工大学出版社，2020.

[12] 刘静，王磊 . 液态金属 3D 打印技术：原理及应用 [M]. 上海：上海科学技术出版社，2018.

[13] 刘军华，曹明元 .3D 打印扫描技术 [M]. 北京：机械工业出版社，2019.

[14] 刘彦伯，孔琳 .3D 打印技术 [M]. 北京：北京理工大学出版社，2021.

[15] 吕仲文 . 机械创新设计 [M]. 北京：机械工业出版社，2004.

[16] 门正兴，白晶斐，银赢 .3D 打印技术与成型工艺 [M]. 重庆：重庆大学出版社，2022.

[17] 史玉升 .3D 打印技术概论 [M]. 武汉：湖北科学技术出版社，2016.

[18] 王迪，杨永强 .3D 打印技术与应用 [M]. 广州：华南理工大学出版社，2020.

[19] 王寒里 .3D 打印基础训练教程 [M]. 北京：文化发展出版社，2018.

[20] 王晖，张琼，杨凯 . 逆向工程与 3D 打印技术 [M]. 重庆：重庆大学出版社，2019.

[21] 王晖 . 机械产品创新设计与 3D 打印 [M]. 北京：机械工业出版社，2020.

[22] 王涛，张良贵 . 逆向工程及 3D 打印技术 [M]. 北京：北京理工大学出版社，2022.

[23] 王晓艳，郭顺林，陈鹏 .3D 打印技术 [M]. 哈尔滨：哈尔滨工程大学出版社，2021.

[24] 王晓燕，朱琳 .3D 打印与工业制造 [M]. 北京：机械工业出版社，2019.

[25] 王永信，宗学文 . 光固化 3D 打印技术 [M]. 武汉：华中科技大学出版社，2018.

[26] 吴国庆 .3D 打印技术基础及应用 [M]. 北京：北京理工大学出版社，2021.

[27] 吴云静，刘利军，毛元朋 .3D 打印与创意设计 [M]. 武汉：中国地质大学出版社，2022.

[28] 徐起贺 . 机械创新设计 [M]. 北京：机械工业出版社，2016.

[29] 杨家军 . 机械创新设计与实践 [M]. 武汉：华中科技大学出版社，2014.

[30] 杨永强，王迪，宋长辉 . 金属 3D 打印技术 [M]. 武汉：华中科技大学出版社，2020.

[31] 阴璇 . 基于 3D 打印技术的机械零件创新自由设计 [D]. 太原：太原科技大学，2016.

[32] 于惠力，冯新敏 . 机械创新设计与实例 [M]. 北京：机械工业出版社，2018.

[33] 于淼 . 基于技术集成的机械产品创新设计方法研究 [D]. 天津：河北工业大学，2016.

[34] 曾富洪 . 产品创新设计与开发 [M]. 成都：西南交通大学出版社，2009.

[35] 张春林，李志香，赵自强 . 机械创新设计 [M]. 北京：机械工业出版社，
2021.

[36] 张聪 . 机械设备创新设计方法与实例 [M]. 广州：华南理工大学出版社，
2022.

[37] 赵松年 . 现代机械创新产品分析与设计 [M]. 北京：机械工业出版社，
2000.

[38] 郑路，佟璐琰，陈群 . 产品设计程序与方法 [M]. 石家庄：河北美术出版
社，2018.